"十三五"国家重点出版物出版规划项目
现代机械工程系列精品教材

机械制图与 CAD 基础

第 2 版

主　编　王　斌　王　亮
副主编　郑德超
参　编　包玉梅　周雁丰　孙士阳
　　　　郭晓峰　李　震
主　审　胡志勇

U0256056

机械工业出版社

本书为"十三五"国家重点出版物出版规划项目。

本书分两篇。第1篇机械制图,内容包括:机械制图基本知识和技能、投影理论基础、立体的投影、组合体、轴测图、机件的常用表达方法、标准件和常用件、零件图、装配图;第2篇CAD基础,内容包括:AutoCAD简介、常用绘图方法、二维图形的编辑、文本标注、尺寸标注、图层与图块的应用。

本书章节结构相似,内容安排合理,简洁实用,方便读者学习。

本书为高等学校机械类、近机械类专业本科生教材,也可作为高等职业技术学院、成人教育学院、高等教育自学考试等相关专业用书。

本书配有电子课件,向授课教师免费提供,需要者可登录机工教育服务网(www.cmpedu.com)下载。

图书在版编目(CIP)数据

机械制图与CAD基础/王斌,王亮主编. —2版. —北京:机械工业出版社,2019.5(2024.6重印)

"十三五"国家重点出版物出版规划项目 现代机械工程系列精品教材

ISBN 978-7-111-62377-9

Ⅰ.①机… Ⅱ.①王…②王… Ⅲ.①机械制图-AutoCAD软件-高等学校-教材 Ⅳ.①TH126

中国版本图书馆CIP数据核字(2019)第058215号

机械工业出版社(北京市百万庄大街22号 邮政编码100037)
策划编辑:蔡开颖 责任编辑:蔡开颖 段晓雅
责任校对:郑 婕 封面设计:张 静
责任印制:郜 敏
三河市宏达印刷有限公司印刷
2024年6月第2版第9次印刷
184mm×260mm·15.75印张·385千字
标准书号:ISBN 978-7-111-62377-9
定价:39.80元

电话服务 网络服务
客服电话:010-88361066 机 工 官 网:www.cmpbook.com
010-88379833 机 工 官 博:weibo.com/cmp1952
010-68326294 金 书 网:www.golden-book.com
封底无防伪标均为盗版 机工教育服务网:www.cmpedu.com

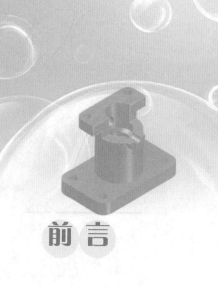

前言

　　本书采用现行的技术制图与机械制图国家标准，注重理论联系实际，内容由浅入深、图文并茂。全书内容符合新修订的《画法几何及机械制图课程教学基本要求》，主要包括投影原理、制图基础、表达方法和工程图样等，特别加强了零部件测绘和手工草图绘制的相关内容，这对培养具有丰富的形体想象、构思、创造和设计能力的人才具有重要作用，并对建立科学、严格、认真、细致和求实的作风具有实际效果。计算机绘图的内容已纳入本书，可根据教学需要选用。本书配有多媒体课件，便于课堂教学和读者自学。

　　本书是在习近平新时代中国特色社会主义思想指引下，将培养德智体美劳全面发展的社会主义建设者和接班人的目标与全面贯彻党的教育方针、落实立德树人根本任务相融合，紧密结合学科自身特点，根据制造业高端化、智能化、绿色化发展理念，按照现行的技术制图和机械制图国家标准编写的。在培养工科类学生工程意识的同时，也应培养学生执着专注、精益求精、一丝不苟、追求卓越的工匠精神，激发学生科技报国的家国情怀和使命担当。

　　本书在编写过程中，努力体现普通高等院校教学的特点，针对新的课程体系精选教材内容；努力培养学生的创新思维能力，重视读图、测绘和徒手画图的能力训练；各章节的内容均采用先介绍基本知识，后扩展延伸的方法。本书文字简练、通俗易懂，插图选用适当、清晰。

　　本书为高等学校机械类、近机械类专业本科生教材，也可作为高等职业技术学院、成人教育学院、高等教育自学考试等相关专业用书。在实际的教学中，教师可根据不同的教学情况最大限度地发挥课程教学的育人作用，把社会主义核心价值观融入课堂，着力培养担当民族复兴大任的时代新人。

　　由包玉梅、周雁丰主编的《机械制图与 CAD 基础习题集》（第 2 版）与本书配套使用。

　　本书由内蒙古科技大学王斌、王亮任主编，郑德超任副主编。

　　参加编写工作的有：王斌（绪论、第 1 章、第 2 章 2.1~2.4）、周雁丰、李震（第 2 章 2.5~2.7、第 7 章）、郭晓峰（第 3 章、第 4 章、第 8 章）、包玉梅（第 5 章、第 9 章）、孙士阳（第 6 章）、王亮（第10~15 章）、郑德超（附录）。

　　本书由内蒙古工业大学胡志勇教授主审。本书在编写过程中得到了许多同志的帮助，内蒙古科技大学机械学院杨建鸣教授提出了许多宝贵的意见和建议，在此一并表示衷心的感谢。

　　由于编者水平有限，书中难免存在错误和不足之处，恳请广大读者批评指正。

编　者

目 录

第2篇　CAD基础

绪　　论

1. 机械制图与 CAD 基础课程的性质、研究对象及内容

机械制图与 CAD 基础是工程类专业的一门必修技术基础课，是研究和解决空间几何问题以及阅读和绘制工程图样的理论和方法。

在现代工业中，设计、制造、安装和使用的各种机械、设备、电器、仪器等都离不开工程图样。按一定的投影理论和国家标准的有关规定，用来表达机器及其零部件的形状和结构、大小、材料、加工检验及装配等技术要求的图样称为工程图样。

工程图样是工业生产中的重要技术文件，同时又是工程界表达、交流技术思想和信息的重要工具。因此，工程图样被称为"工程界的语言"，由此可见图样在工程上的地位及重要性。

计算机辅助设计（CAD）已经成为企业提高创新能力、产品开发能力、适应市场需求的竞争能力的一项关键技术，它的应用大大地推动了设计领域的彻底革命。

本课程主要内容包括：基础理论，机件表达方法，机械制图，计算机辅助设计（CAD）。

本课程既有系统的理论同时又具有较强的实践性，它在空间思维和形象思维能力的训练方面具有特殊的地位和作用。

2. 本课程的主要任务

1）学习正投影法的基本理论及其应用。

2）培养空间逻辑思维和形象思维能力。

3）培养空间几何问题的图解能力。

4）培养绘图和读图的基本能力。

5）培养计算机绘图能力。

6）培养认真负责、严谨细致的工作态度和工作作风。

3. 本课程的学习方法

本课程是一门理论性和实践性很强的课程，学习中首先要注意掌握正投影的规律，并运用正投影的规律去解决绘图和读图中的实际问题。努力培养空间想象能力和空间分析能力，不断加强形象思维的训练。掌握正确的表达方法，学会正确运用视图、剖视图、断面图及其他规定画法，掌握尺寸标注的方法。掌握 AutoCAD 的基本功能和各种命令及相关技术。

学习本课程要做到以下几点：

1）准备一套合乎要求的制图工具，认真预习并完成作业，按照正确的制图方法和步骤来画图。

2）认真听课，及时复习，要掌握形体分析法、线面分析法和投影分析方法，提高独立分析图样、读图和绘图等的能力。

3）注意绘图和读图相结合，物体与图样相结合，要多画多看，逐步培养空间逻辑思维与形象思维的能力。

4）严格遵守机械制图的国家标准，并具备查阅有关标准和资料的能力。

5）深入地了解 AutoCAD 绘制工程图的主要功能和技巧，从而能快速绘制出符合制图标准的工程图样。

第 1 篇

机械制图

第1章

机械制图基本知识和技能

工程图样是现代工业生产中必不可少的技术资料，其质量直接影响工业产品的质量和经济性。因此，每个工程技术人员应该熟悉和掌握有关工程图样的基本知识和技能。本章主要介绍国家标准《技术制图》和《机械制图》的若干规定、绘图仪器及工具的使用，以及几何作图的方法。

1.1 国家标准的基本规定

《技术制图》和《机械制图》国家标准是我国基础技术标准之一，它起着统一工程技术界的共同"语言"的重要作用。为了准确无误地交流技术思想，绘图时必须遵守《技术制图》和《机械制图》国家标准的有关规定。

本节主要介绍源自《技术制图》和《机械制图》最新国家标准的部分规定。例如："字体（GB/T 14691—1993）"中"GB"为"国家标准"的简称，"T"为"推荐"的简称，"14691"为标准编码（标准发布的顺序号），"1993"为该标准发布的年号。

1.1.1 图纸幅面、格式和标题栏

1. 图纸幅面尺寸及代号

图纸的宽度（B）和长度（L）组成图纸的幅面。绘制技术图样时，应根据国家标准 GB/T 14689—2008 优先采用表 1-1 中规定的基本幅面尺寸。

表 1-1　基本幅面尺寸（第一选择）　　　　　　　　　（单位：mm）

幅面代号	A0	A1	A2	A3	A4
$B×L$	841×1189	594×841	420×594	297×420	210×297
c	10			5	
a	25				
e	20		10		

如图 1-1 中粗实线所示为基本幅面（第一选择）；细实线所示为表 1-2 的加长幅面尺寸（第二选择）；虚线所示为表 1-3 的加长幅面尺寸（第三选择）。

必要时，也允许选用表 1-2 和表 1-3 中规定的加长幅面尺寸。加长幅面尺寸是由基本幅

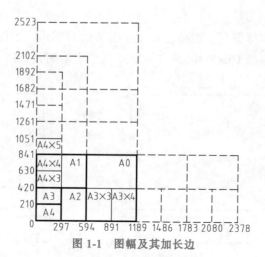

图1-1 图幅及其加长边

面短边的整数倍增加后得出。

表1-2 加长幅面尺寸（第二选择） （单位：mm）

幅面代号	A3×3	A3×4	A4×3	A4×4	A4×5
B×L	420×891	420×1189	297×630	297×841	297×1051

表1-3 加长幅面尺寸（第三选择） （单位：mm）

幅面代号	尺寸 B×L	幅面代号	尺寸 B×L
A0×2	1189×1682	A3×5	420×1486
A0×3	1189×2523	A3×6	420×1783
A1×3	841×1783	A3×7	420×2080
A1×4	841×2378	A4×6	297×1261
A2×3	594×1261	A4×7	297×1471
A2×4	594×1682	A4×8	297×1682
A2×5	594×2102	A4×9	297×1892

2. 图框格式

在图纸上必须用粗实线画出图框，图样必须绘制在图框内部。其格式分为留有装订边（图1-2）和不留装订边（图1-3）两种，但是同一产品的图样只能采用同一种格式。如果采用加长幅面尺寸的图幅时，选用比其基本幅面大一号的图框尺寸。例如 A2×3 的图框尺寸，要按 A1 的幅面尺寸确定，即 e 为 20mm（或 c 为 10mm）。

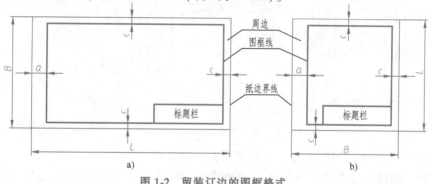

图1-2 留装订边的图框格式

a）X型 b）Y型

3. 标题栏及其方位

每张图纸上都必须有标题栏。标题栏应位于图纸的右下角，如图 1-2 和图 1-3 所示。其格式和尺寸应按照国家标准 GB/T 10609.1—2008 的规定绘制，如图 1-4 所示。

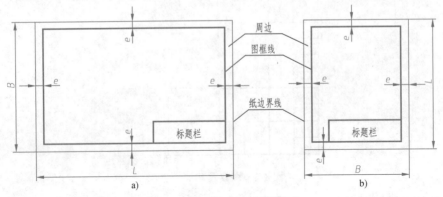

图 1-3　不留装订边的图框格式

a）X 型　b）Y 型

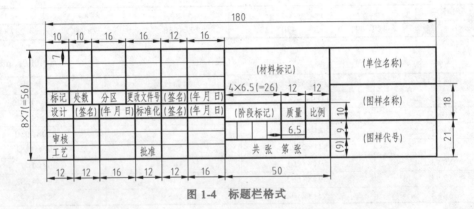

图 1-4　标题栏格式

当标题栏的长边置于水平方向且与图纸的长边平行时，构成 X 型图纸，若标题栏的长边与图纸的长边垂直时，则构成 Y 型图纸。

为了使图样复制和缩微摄影时定位方便，各号图纸均应在图纸各边长的中点处分别用粗实线画出对中符号，其长度自各边界开始至图框内约 5mm，如图 1-5a 所示。

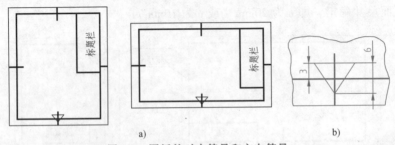

图 1-5　图纸的对中符号和方向符号

采用 X 型图纸和 Y 型图纸时，看图纸的方向与看标题栏的方向一致。有时为了充分利用已印刷好的图纸，允许将 X 型图纸的短边或 Y 型的长边置于水平位置使用，但必须用方向符号指示看图方向，方向符号是用细实线绘制的等边三角形，放置在图纸下端的对中符号处，如图 1-5b 所示。此时，标题栏的填写方法仍按常规书写，与图样的尺寸标注、文字说明无确定的直接关系。

装配图中的标题栏和明细栏由国家标准 GB/T 10609.1—2008 和 GB/T 10609.2—2009 规定，本书对零件图的标题栏和装配图的标题栏、明细栏进行了简化，并推荐零件图的标题栏采用图 1-6a 所示的格式，装配图的明细栏采用图 1-6b 所示的格式。

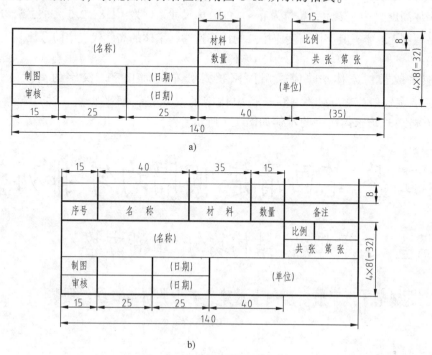

图 1-6 简化标题栏和明细栏

a）零件图标题栏 b）装配图明细栏

1.1.2 比例

图样中的比例是指图形与实物相应要素的线性尺寸之比。线性尺寸是指能用直线表达的尺寸，例如直线长度、圆的直径等。

图样比例分为原值比例、放大比例和缩小比例三种，绘图时应根据 GB/T 14690—1993 采用表 1-4 规定的比例，最好选用原值比例（1:1），但也可根据机件大小和复杂程度选用放大或缩小比例画图。

表 1-4 标准比例

种 类	比 例					
	优 先 选 取		允 许 选 取			
原值比例	1:1					
放大比例	$5:1$ $2:1$		$4:1$		$2.5:1$	
	$5\times10^{n}:1$ $2\times10^{n}:1$ $1\times10^{n}:1$		$4\times10^{n}:1$		$2.5\times10^{n}:1$	
缩小比例	$1:2$ $1:5$ $1:10$		$1:1.5$ $1:2.5$		$1:3$ $1:4$ $1:6$	
	$1:2\times10^{n}$ $1:5\times10^{n}$ $1:1\times10^{n}$		$1:1.5\times10^{n}$ $1:2.5\times10^{n}$		$1:3\times10^{n}$ $1:4\times10^{n}$ $1:6\times10^{n}$	

注：n 为正整数。

绘制同一机件的各个视图应采用相同的比例，并在标题栏的"比例"栏中填写相应的比例。当机件上有较小或较复杂的结构需用不同的比例时，必须另行标注。应注意，不论采用何种比例绘图，尺寸数值均按原值（1：1）标注。

1.1.3 字体

根据 GB/T 14691—1993 图样中的字体书写必须做到：字体工整、笔画清楚、间隔均匀、排列整齐。字体高度（用 h 表示，单位为 mm）的公称尺寸系列为：1.8，2.5，3.5，5，7，10，14，20。如要书写更大的字，其字体高度应按 $\sqrt{2}$ 的比率递增，字体的高度代表字的号数。

1. 汉字

汉字应写成长仿宋体，并应采用国家正式公布的简化字。汉字的高度 h 不应小于 3.5mm，其字宽一般为 $h/\sqrt{2}$ 。书写长仿宋体字的要点是：横平竖直、注意起落、结构匀称、填满方格。长仿宋体汉字的示例如图 1-7 所示。

10号字

字体工整 笔画清楚 间隔均匀 排列整齐

7号字

横平竖直 注意起落 结构均匀 填满方格

5号字

技术制图机械电子汽车航空船舶土木建筑矿山井坑港口纺织服装

图 1-7　长仿宋体汉字示例

2. 数字和字母

数字和字母分为 A 型和 B 型。A 型字体的笔画宽度 d 为字高 h 的 1/14；B 型字体的笔画宽度 d 为字高 h 的 1/10。数字和字母均可写成直体或斜体，斜体字的字头向右倾斜，与水平线成 75°角。在同一图样上，只允许选用一种样式的字体。

3. 图样中书写的规定与示例

1）用作指数、分数、极限偏差、注脚等的数字和字母，一般应采用小一号的字体。

2）图样中的数学符号、物理量符号、计量单位符号及其他符号、代号，应分别符合国家有关标准的规定。

阿拉伯数字书写示例，如图 1-8 所示。

A型斜体

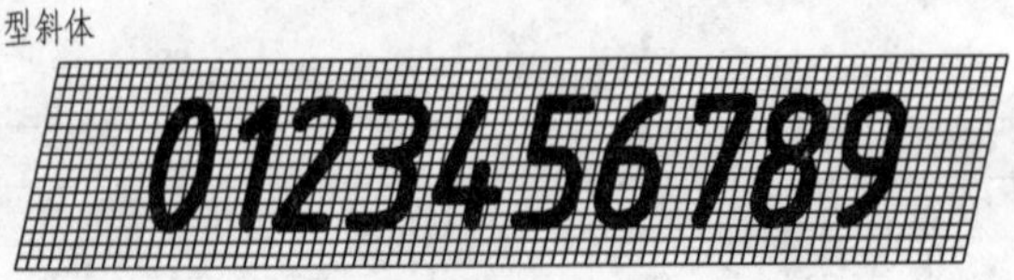

0123456789

B型直体

0123456789

图 1-8　阿拉伯数字书写示例

字母书写示例，如图 1-9 所示。

A型大写字母斜体

$$ABCDEFGHIJKLMNOP$$

$$QRSTUVWXYZ$$

A型小写字母斜体

$$abcdefghijklmnopq$$

$$rstuvwxyz$$

B型大写字母直体

$$ABCDEFGHIJKLMNOP$$

$$QRSTUVWXYZ$$

B型小写字母直体

$$abcdefghijklmnopq$$

$$rstuvwxyz$$

图 1-9　字母书写示例

图样中其他各项书写的规定示例，如图 1-10 所示。

1.1.4　图线

国家标准 GB/T 17450—1998、GB/T 4457.4—2002 规定了技术制图所用图线的名称、形式、结构、标记及画法规则。它适用于各种技术图样，如机械、电气、土木工程图样等。

1. 线型

国家标准规定了绘制各种技术图样的 15 种基本线型，以及线型的变形和相互组合。机械制

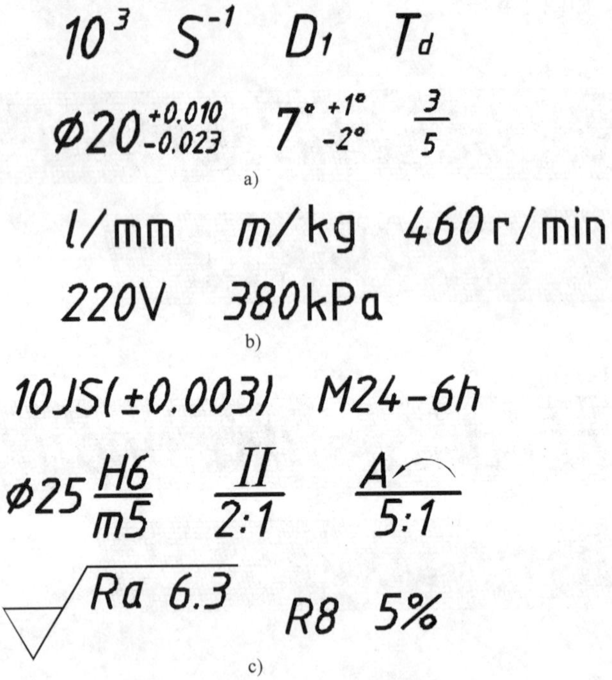

$$10^3 \quad S^{-1} \quad D_1 \quad T_d$$

$$\varnothing 20^{+0.010}_{-0.023} \quad 7°^{+1°}_{-2°} \quad \frac{3}{5}$$

a)

$$l/mm \quad m/kg \quad 460\,r/min$$

$$220V \quad 380\,kPa$$

b)

$$10JS(\pm 0.003) \quad M24\text{-}6h$$

$$\varnothing 25\frac{H6}{m5} \quad \frac{II}{2:1} \quad \frac{A}{5:1}$$

$$\sqrt{Ra\ 6.3} \quad R8 \quad 5\%$$

c)

图 1-10　图样中其他各项书写的规定示例

图中常用的几种线型的名称、画法和应用范围见表 1-5，图 1-11 所示为线型应用的示例。

表 1-5　线型

线型	一般应用	屏幕显示颜色
细实线 ———————	尺寸线、尺寸界线、指引线、剖面线等	白
粗实线 ▬▬▬▬▬	可见轮廓线、螺纹牙顶线，螺纹长度终止线	绿
细虚线 — — — — —	不可见轮廓线	黄
细点画线 —·—·—·—	轴线、对称中心线、齿轮的分度圆线等	红
粗点画线 ▬·▬·▬·▬	限定范围表示线	棕
细双点画线 —··—··—	相邻辅助零件的轮廓线、可动零件处于极限位置时的轮廓线、轨迹线	粉红
波浪线 〜〜〜	断裂处边界线	白
双折线 —⌇—⌇—	断裂处边界线	

2. 图线的宽度

国家标准规定了 9 种图线宽度。绘制工程图样时所有线型的图线宽度 [d（mm）] 应在下面系列中选择：0.13，0.18，0.25，0.35，0.5，0.7，1，1.4，2。同一张图样中，相同的线型宽度应一致。

国家标准规定图线宽度的比率为：粗线∶中粗线∶细线 = 4∶2∶1。机械制图中通常采

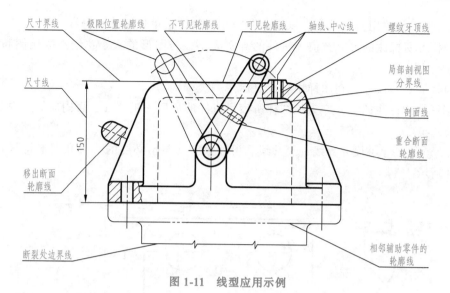

图 1-11　线型应用示例

用中粗线和细线两种线宽，其比例关系为 2∶1，粗实线的宽度通常选用 0.5mm 或 0.7mm。为了保证图样清晰易读，便于复制，图样上尽量避免出现线宽小于 0.18mm 的图线。

3. 图线的画法

1）除非另有规定，两条平行线之间的最小间隙不得小于 0.7mm。

2）点画线和双点画线的首末端一般应是"画"而不是"点"，点画线应超出图形轮廓 2~5mm。当图形较小难以绘制点画线时，可用细实线代替点画线，如图 1-12 所示。

3）当不同图线互相重叠时，应按粗实线、虚线、点画线的先后顺序只画前面一种图线。点画线或虚线与粗实线、虚线、点画线相交时，一般应以线段相交，不留空隙；当虚线是粗实线的延长线时，粗实线与虚线的分界处应留出空隙，如图 1-13 所示。

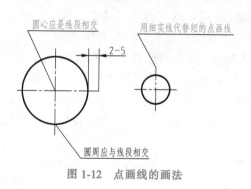

图 1-12　点画线的画法

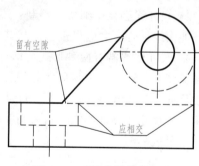

图 1-13　虚线连接处的画法

1.1.5　尺寸标注

图样中的图形只能表达机件的结构形状，其真实大小由尺寸确定。在一张完整的图样中，其尺寸注写应做到正确、完整、清晰、合理。本节就尺寸的正确注法摘要介绍国家标准 GB/T 4458.4—2003 尺寸注写的一些规定，对尺寸注写的其他要求将在后续章节中介绍。

1. 基本规则

1）图样中的尺寸一般以毫米（mm）为单位。当以毫米为单位时，不需标注计量单位的名称或者符号；如采用其他单位，则必须注明相应的计量单位名称和符号。

2）图样上所标注的尺寸数值为机件的真实大小，与图形的大小、绘图的比例和准确度无关。

3）机件的每一尺寸，在图样中一般只标注一次。

4）图样中所标注的尺寸应为该图样所表示机件的最后完工尺寸，否则应另加说明。

2. 尺寸组成

一个完整的尺寸由尺寸界线、尺寸线和尺寸数字（包括必要的字母和图形符号）组成，如图 1-14 所示。

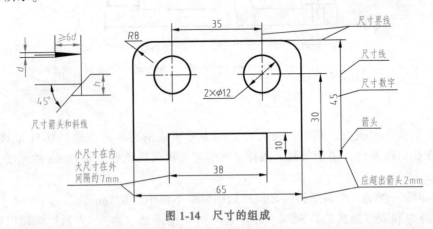

图 1-14　尺寸的组成

3. 尺寸注法的基本规定

1）尺寸界线表示所注尺寸的起止范围，用细实线绘制，并应由图形的轮廓线、轴线或对称中心线引出。也可以直接利用轮廓线、轴线或对称中心线作为尺寸界线。尺寸界线应超出尺寸线 2~3mm。尺寸界线一般应与尺寸线垂直，必要时才允许倾斜。

2）尺寸线必须用细实线绘制，不得用其他图线代替或画成其他图线的延长线，也不能与其他图线重合，并应尽量避免与其他的尺寸线或尺寸界线相交叉，如图 1-14 所示。

3）尺寸线终端有两种形式，即可用箭头或斜线表示。箭头的形式如图 1-14 所示，适用于各类图样，箭头尖端与尺寸界线接触，不得超出或离开。斜线的形式如图 1-14 所示，适用于尺寸线与尺寸界线垂直时，尺寸线终端可用倾斜 45° 的细实线绘制。同一张图样中只能采用一种尺寸线终端形式。当采用箭头时，在位置不够的情况下，允许用圆点或斜线代替箭头，详见表 1-6。

4）线性尺寸的尺寸数字一般应注写在尺寸线的上方，也允许注写在尺寸线的中断处。当没有足够的位置注写尺寸数字时，也可引出标注，如图 1-15b 所示。线性尺寸数字的注写方向应按图 1-15a 所示的方向进行注写。水平方向的尺寸数字字头朝上；垂直方向的尺寸数字字头朝左；倾斜方向的尺寸数字字头趋于朝上。尽量避免在图 1-15a 所示的 30° 范围内标注尺寸，无法避免时，可按图 1-15b 所示的形式标注。尺寸数字不允许被任何图线穿过，当不可避免时，必须将图线断开。

在图样中的尺寸数字前用符号来区分不同类型的尺寸。

ϕ：表示直径　　　　　R：表示半径　　　　　S：表示球面

t：表示板状零件厚度　　C：表示 45° 倒角　　　EQS：表示均布

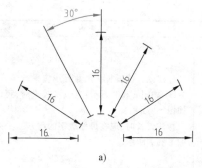

a)

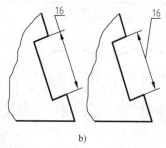

b)

图 1-15 尺寸数字注法

a）线性尺寸数字注写方向　b）引出标注

⊔：表示沉孔或锪平　　∨：表示埋头孔　　▽：表示深度

4. 常用的尺寸注法

机械图样中常用的尺寸注法范例见表 1-6。

表 1-6　常用的尺寸注法

内容	示　　例	说　　明
角　度		角度尺寸界线沿径向引出。尺寸线应画成圆弧，其圆心是该角的顶点。角度尺寸数字一般注写在尺寸线的中断处，并一律写成水平方向，必要时也可以写在尺寸线的上方、外面或引出标注
直径和半径		直径、半径的尺寸数值前应分别注写符号"φ""R"。对于球面，应在其符号前再加注符号"S"。大于半圆或整圆标注直径，小于或等于半圆标注半径，但尺寸线必须通过圆心 当圆弧的半径过大或在图纸范围内无法标注其圆心的位置时，可用折线形式表示尺寸线，若无需标出圆心的位置，可将尺寸线中断
狭小部位		在没有足够的位置画箭头或注写尺寸数字时，可将其中之一布置在外面 当位置更小时，箭头和数字都可以布置在外面 几个小尺寸连续标注时，中间的箭头可用圆点或斜线代替

（续）

内容	示　　例	说　　明
弦长和弧长	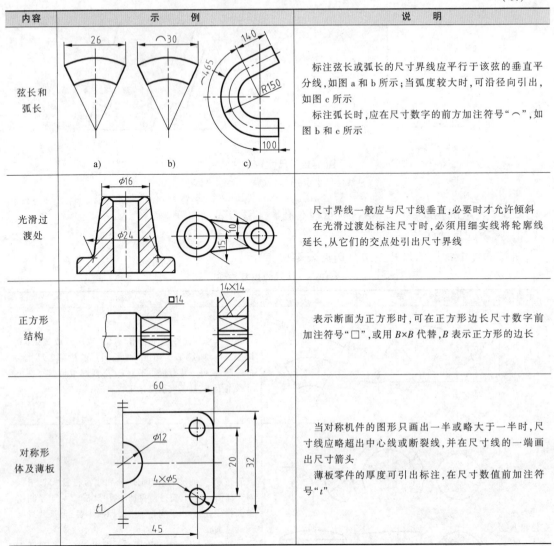	标注弦长或弧长的尺寸界线应平行于该弦的垂直平分线，如图 a 和 b 所示；当弧度较大时，可沿径向引出，如图 c 所示 标注弧长时，应在尺寸数字的前方加注符号"⌒"，如图 b 和 c 所示
光滑过渡处		尺寸界线一般应与尺寸线垂直，必要时才允许倾斜 在光滑过渡处标注尺寸时，必须用细实线将轮廓线延长，从它们的交点处引出尺寸界线
正方形结构		表示断面为正方形时，可在正方形边长尺寸数字前加注符号"□"，或用 $B \times B$ 代替，B 表示正方形的边长
对称形体及薄板		当对称机件的图形只画出一半或略大于一半时，尺寸线应略超出中心线或断裂线，并在尺寸线的一端画出尺寸箭头 薄板零件的厚度可引出标注，在尺寸数值前加注符号"t"

1.2　绘图工具及其使用方法

　　正确使用制图工具和仪器是确保绘图质量、提高绘图速度的重要因素。本节简要介绍常用制图工具、仪器的使用方法。

1.2.1　图板和丁字尺

1. 图板

　　图板的板面应平整，工作边应平直。绘图时，用胶带纸将图纸固定在图板的适当位置上，一般应固定在图板的左下方，如图 1-16 所示。

2. 丁字尺

　　丁字尺由尺头和尺身两部分组成，尺身带有刻度，便于画线时直接度量。使用时必须将

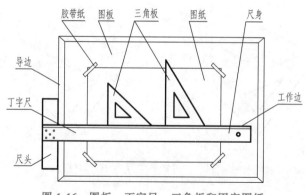

图 1-16　图板、丁字尺、三角板和固定图纸

尺头紧靠在图板左侧的导边上下滑动，并利用尺身的工作边画出水平线，如图 1-17 所示。

1.2.2　三角板

　　一副三角板由一块 45°的等腰直角三角板和一块 30°、60°的直角三角板组成。三角板与丁字尺配合使用，可以画出垂直线和与水平方向成 15°的整数倍的倾斜线，如图 1-18 和图 1-19 所示。两个三角板配合使用也可画任意方向的平行线和垂直线，如图 1-20 所示。

图 1-17　图板与丁字尺　　　　　　　　图 1-18　三角板与丁字尺配合使用

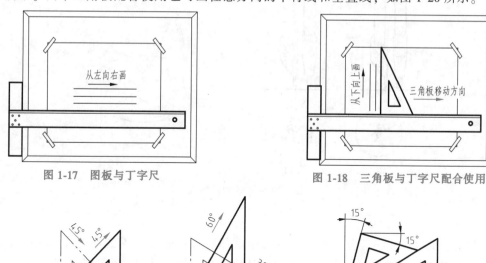

图 1-19　三角板的用法

1.2.3　圆规和分规

　　绘图时一般采用盒装配套绘图仪，其中常用的有圆规、分规、各种插脚等，本小节主要介绍圆规和分规的使用方法。

　　1. 圆规

　　圆规用于画圆和圆弧。圆规由两条腿组成，一条腿上装有钢针，另一条活动腿有肘关

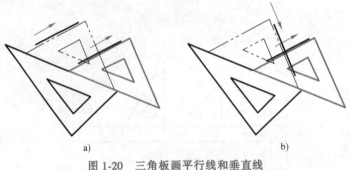

图 1-20　三角板画平行线和垂直线

a）作平行线　b）作垂直线

节，可换装各种附件，装上铅芯插脚可画铅笔线圆，装上钢针插脚可当分规使用。

用圆规画铅笔线底稿时，使用 2H 铅芯，应磨成锥形或铲形，如图 1-21a 所示。描深粗线圆弧时，用 HB 或 B 的铅芯，芯头磨成四棱柱形，如图 1-21b 所示。用圆规画圆或圆弧时，应根据不同的直径，尽量使钢针和铅芯插脚同时垂直纸面，并按顺时针方向一次画成，注意要用力均匀，如图 1-21c 所示。

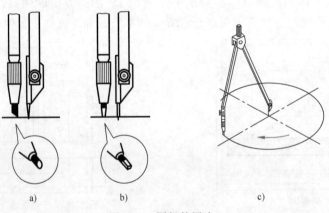

图 1-21　圆规的用法

2. 分规

分规用于量取尺寸和等分线段。分规两腿端部装有钢针，当两腿合拢时，两针尖应平齐，如图 1-22 所示。绘图时，可以利用分规从比例尺上把尺寸量取到图上，或将图上的一处尺寸量取到另一处去，也可用分规来等分线段，如图 1-23 所示。

图 1-22　针尖对齐　　　　　　图 1-23　分规用法

1.2.4 比例尺和曲线板

1. 比例尺

比例尺是供绘图量取不同比例尺寸时用的。其式样常为三棱柱形，故称为三棱尺，它的三面有六种不同的比例刻度供绘图时选用。如图1-24所示。

2. 曲线板

曲线板是用来描绘非圆曲线的，使用时，先将需要连接成曲线的各已知点徒手用细线轻轻地勾描出轮廓，然后用曲线板分段描绘，在两段连接处要有一小段重复，以保证所连曲线光滑过度，如图1-25所示。

图1-24 比例尺

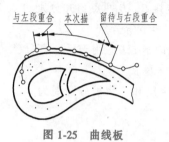

图1-25 曲线板

1.2.5 铅笔

铅笔的铅芯有软硬之分，用标号H和B来表示，通常用H和2H的铅笔画底稿，用HB的铅笔写字和徒手画图，加深图线则用2B和HB的铅笔。铅笔的削法和用法如图1-26所示。

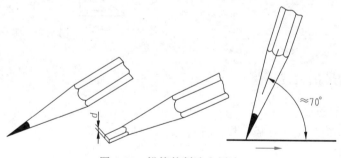

图1-26 铅笔的削法和用法

1.2.6 其他绘图用品

绘图时，还要备好图纸、粘贴图纸的胶带纸、绘图铅笔、小刀、磨铅芯的砂纸板、橡皮、清洁图纸的软毛刷等。

绘图纸要质地坚实、洁白，绘图时应使用经橡皮擦拭不易起毛的一面。

1.3 常用的几何作图方法

机件的轮廓形状是由不同的几何图形组成的，熟练掌握几何图形的正确画法，有利于提高作图的准确性和绘图速度。本节重点介绍如何使用尺规绘图工具，按照几何原理和国标规定的线型、尺寸注法等绘制平面几何图形。

1.3.1 等分已知线段和圆周

1. 等分线段

五等分已知线段 AB，如图 1-27 所示。

作图步骤如下：

1）过点 A 任作一直线 AC。

2）用分规以任意长度在 AC 上截取五等分得点 1、2、3、4、5。

3）连接 5、B 两点，并分别过点 1、2、3、4 作直线 $5B$ 的平行线交直线 AB 于 $1'$、$2'$、$3'$、$4'$，即得五等分点。

以上作图方法适用于任意等分已知线段。

2. 等分圆周

用丁字尺和三角板分圆周为 4、6、8、12、24 等分，如图 1-28 所示。

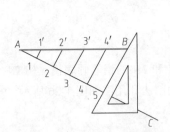

图 1-27 等分线段

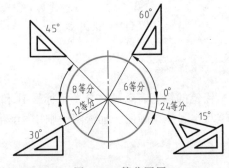

图 1-28 等分圆周

1.3.2 正多边形的画法

1. 正五边形的画法

已知正五边形的外接圆直径，作正五边形，如图 1-29 所示。

作图步骤如下：

1）二等分 OB 得点 M。

2）连接 AB，在其上截取 $MP = MC$，得点 P。

3）以 CP 为边长等分圆周，得 E、F、G、K 等分点，依次连接得到正五边形。

2. 正六边形的画法

1）已知正六边形的对角线长度 D，作正六边形，如图 1-30a 所示。

作图步骤如下：

以对角线长 D 为直径作圆，以圆的半径等分圆周，连接各等分点即得正六边形，如图 1-30a 所示。

2）已知正六边形的对边距离 S 作正六边形，作法如图 1-30b 所示。

作图步骤如下：

以对边距离 S 为直径作圆，再用 30°、60°三角板与丁字尺配合，即可作出正六边形。

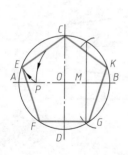

图 1-29　正五边形画法

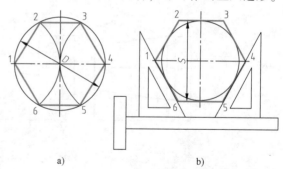

图 1-30　正六边形画法

1.3.3　斜度和锥度

1. 斜度

斜度是指一直线或平面相对另一直线或平面的倾斜程度。斜度的数值用倾斜角 α 的正切值表示，如图 1-31 所示，即：斜度 $=\tan\alpha=H/L=(H-h)/l$。

根据已知斜度的作图方法如图 1-32 所示。

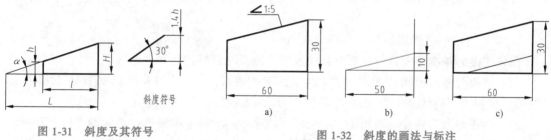

图 1-31　斜度及其符号

图 1-32　斜度的画法与标注

a）已知图形　b）作斜度 1∶5 的辅助线　c）完成作图

在图样中常用简化的比值 1∶n 表示斜度的大小，并在斜度比值的前面加上斜度符号，斜度符号的线粗为 $h/10$（h 为尺寸数字的高度），倾斜方向应与斜度的方向一致，如图1-32a所示。

2. 锥度

锥度是正圆锥底圆直径与其高度之比或正圆锥台两底圆直径之差与其高度之比。如图 1-33 所示，即：锥度 $=D/L=(D-d)/l=2\tan(\alpha/2)$，式中的 α 为圆锥角。

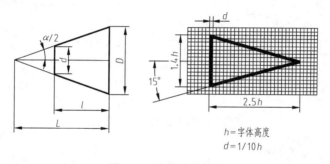

$h=$字体高度
$d=1/10h$

图 1-33　锥度及其符号

根据已知锥度的作图方法如图 1-34 所示。

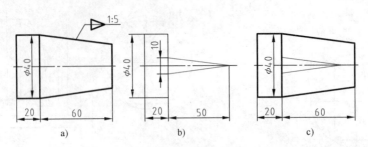

图 1-34　锥度的画法与标注

a) 已知图形　b) 作锥度 1：5 的辅助线　c) 完成作图

在图样中常用简化的比值 1：n 表示锥度的大小，并在锥度比值的前面加上锥度符号，锥度符号的线粗为 $h/10$，符号的方向应与锥度方向一致，如图 1-34a 所示。

1.3.4　圆弧连接

绘制机件的轮廓形状时，常遇到用一已知半径的圆弧光滑连接直线或圆弧的情况，这种作图称为圆弧连接。这个起光滑连接作用的圆弧称为连接弧，如图 1-35 所示。用已知半径的连接弧光滑地连接直线或圆弧的要点是，准确地求出连接弧的圆心及连接点（切点）的位置。

1. 圆弧连接的作图原理

圆弧连接的基本作图分为圆弧与直线连接、圆弧与圆弧连接两种情况。

（1）圆弧与直线连接　如图 1-35a 所示，圆弧圆心 O_1 的轨迹是与已知直线 L 相距 R_1（圆弧半径）的平行线，下方切点 T_1 和圆心 O_1 的连线与已知直线垂直。

（2）圆弧与圆弧连接　如图 1-35 所示，用半径为 R_1 的连接弧连接已知圆弧 R，其圆心 O_1 的轨迹是已知圆弧的同心圆。当两圆弧外切时，同心圆的半径 $R_2=R+R_1$；内切时，同心圆的半径 $R_2=R-R_1$。连接点（切点 T）是连心线 OO_1 与已知圆弧的交点。

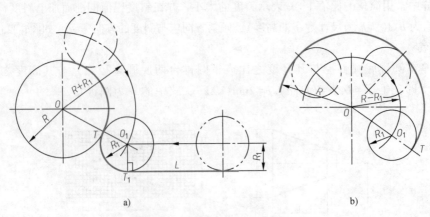

图 1-35　圆弧连接的基本作图

2. 两直线间的圆弧连接

如图 1-36 所示，用圆弧 R 连接两不同夹角的直线，其作图方法是圆弧连接的基本作图，作法仍是先找出连接弧的圆心 O，再定切点 T_1、T_2，最后连接两切点即可。

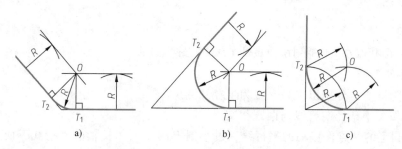

图 1-36 两直线间的圆弧连接

3. 两圆弧间的圆弧连接

两圆弧之间的圆弧连接的画法见表 1-7，可归纳为三个步骤：求连接弧的圆心 O，求连接点（切点）T_1 和 T_2，画连接弧。画好连接弧的关键在于圆心求得准，切点找得对，这样连接的圆弧才光滑。

表 1-7 两圆弧之间的圆弧连接

名称	作 图 方 法 和 步 骤		
	求连接弧圆心 O	求切点 T_1 和 T_2	画连接弧 (R)
外连接			
内连接			
混合连接			

1.3.5 椭圆的画法

1. 同心圆法

已知椭圆的中心 O、长轴 AB 和短轴 CD，如图 1-37 所示。

作图步骤如下：

1）以 O 为圆心，分别以 OA、OC 为半径画圆。

2）过 O 作若干条径向直线与两圆相交。

3）过大圆上的交点作短轴的平行线，过小圆上的交点作长轴的平行线，两者的交点即为椭圆曲线上的点。

4）以同样的方法作若干点，然后用曲线板光滑连接各交点，即得所求准确椭圆。

2. 四心圆法

已知椭圆的中心 O、长轴 AB 和短轴 CD，如图 1-38 所示。

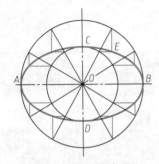

图 1-37　椭圆精确画法

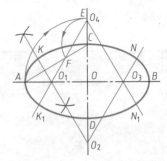

图 1-38　椭圆近似画法

作图步骤如下：

1）连接 A、C，以 O 为圆心，OA 为半径画弧与 CD 延长线交于点 E，以 C 为圆心，CE 为半径画弧与 AC 交于点 F。

2）作 AF 的垂直平分线与长短轴分别交于 O_1、O_2 点，再作对称点 O_3、O_4。

3）作连心线 O_1O_2、O_2O_3、O_3O_4、O_4O_1 并适当延长。

4）以 O_1、O_3 为圆心，O_1A、O_3B 为半径，画小圆弧 K_1AK 和 NBN_1；以 O_2、O_4 为圆心，O_2C、O_4D 为半径画大圆弧 KCN、N_1DK_1，即完成近似椭圆的作图。

1.4　平面图形的分析与尺寸标注

1.4.1　平面图形的分析

1. 平面图形的尺寸分析

以图 1-39 所示的手柄为例，图中所注尺寸按其作用可分为两类。

（1）定形尺寸　确定平面图形的几何要素的大小尺寸。如线段的长短、圆的直径和圆弧的半径等尺寸为定形尺寸。如图 1-39 中所示的 15、$\phi5$、$\phi20$、$R12$、$R15$ 等尺寸即为定形尺寸。

（2）定位尺寸　确定平面图形几何要素的位置的尺寸。如圆心和线段相对于坐标系的位置等，如图 1-39 中的 8、75 等尺寸即为定位尺寸。

标注定位尺寸时，要确定线段及圆弧的位置，就应有一个起点，这个标注尺寸的起点称为尺寸基准。平面图形有水平和垂直两个基准方向，即 X 方向和 Y 方向基准。通常以图形的对称线、较大圆的中心线、较长的直线段作为尺寸基准。图 1-39 所示是以距左端 15mm 处的直线段和水平轴线分别作为 X 方向和 Y 方向的尺寸基准。

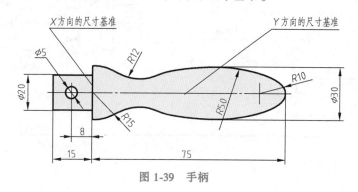

图 1-39　手柄

2. 平面图形的线段分析

线段分析是指分析图形中线段和圆弧的性质，平面图形的线段可分为已知、中间和连接线段三类。现以图 1-39 所示手柄的线段为例来分析。

（1）已知线段　具有完整的定形尺寸和定位尺寸的线段称为已知线段。作图时，这类线段完全可以根据给出的尺寸画出。对圆弧来说，半径 R（直径 ϕ）及圆心的两个坐标尺寸都齐全者，才能画出，如图 1-39 中所示的 $\phi5$、$R15$、$R10$ 等。

（2）中间线段　只有定形尺寸，而两个方向定位尺寸只有一个的线段称为中间线段。另一方向的定位尺寸要根据它与相邻已知线段的连接关系确定，如图 1-39 中所示的 $R50$。

（3）连接线段　只有定形尺寸，没有定位尺寸的线段，就是连接线段。作图时，需要根据其与两端的相连接线段作出后，方可用圆弧连接的作图方法确定它的位置，如图 1-39 中所示的 $R12$。

3. 平面图形的作图步骤

综合对图 1-39 所示手柄的图形分析，绘制该平面图形的作图步骤是：先画相互垂直的基准线；再按已知线段、中间线段、连接线段的顺序依次画出各圆弧；最后检查全图，按各种图线的要求加深，并标注尺寸。手柄图形的作图步骤见表 1-8。

表 1-8　手柄图形的作图步骤

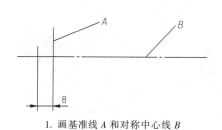

1. 画基准线 A 和对称中心线 B

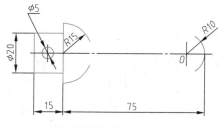

2. 画已知线段及圆弧 $\phi5$、$R15$、$R10$

（续）

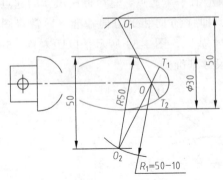

3. 找出中间线段 *R*50 的圆心和切点

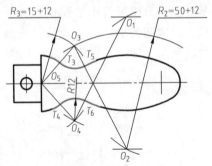

4. 找出连接线段 *R*12 的圆心和切点，完成图形

1.4.2 平面图形的尺寸标注

标注平面图形的尺寸，应遵守国家标准的有关规定，并做到不遗漏、不重复。平面图形尺寸标注的步骤是：

1）分析图形各线段的关系，确定已知线段、中间线段和连接线段。

2）注出已知线段的定形尺寸和两个定位尺寸（*X* 和 *Y* 两个方向）。

3）注出中间线段的定形尺寸和一个定位尺寸（*X*、*Y* 两个方向之一）。

4）注出连接线段的定位尺寸。

当有若干线段处于光滑连接时，确定每个线段的性质应遵循的规律是：在两个已知线段之间，可以有若干个中间线段，但必须有，也只能有一个连接线段。常见平面图形的尺寸注法见表 1-9。

表 1-9　常见平面图形的尺寸注法

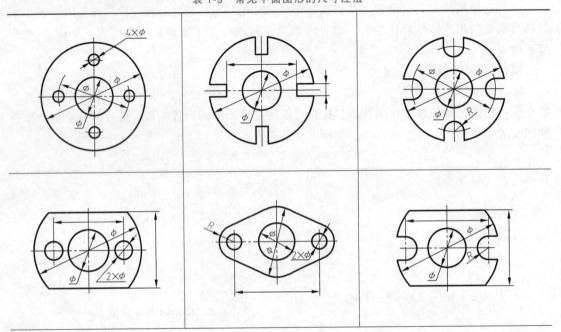

（续）

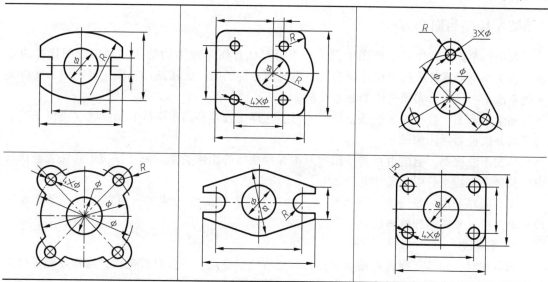

1.5　绘图的步骤和方法

为了保证图面的质量和提高绘图速度，除了必须熟悉有关的制图标准、几何作图方法和正确使用绘图工具外，还应遵循一定的工作程序。

1.5.1　仪器绘图的步骤和方法

1. 准备工作

1）准备好绘图工具，磨削好铅笔和铅芯，将图板擦拭干净。

2）根据图形的大小、复杂程度及数量选取比例，确定图纸幅面。

3）鉴别图纸的正反面，将图纸用胶带纸固定在图板的左下方适当位置。

2. 画底稿

1）用 2H 或 H 铅笔画底稿，图线要画得细而浅，先画图幅边框、图框及标题栏，然后画出图形的主要基准，如中心线、对称线、轴线等，确定各图形的位置，并使图形布局尽量均匀，要留有注尺寸的位置。

2）按投影规律画出各图形的主要轮廓线，然后再画细节。

3）检查各图的投影，擦去不必要的图线，完成全图底稿。

3. 加深

用 2B 或 HB 的铅笔，圆规用 B 或 2B 的铅芯，按各种图线的粗细规格加深。加深的顺序是：先细后粗、先圆后直、从上到下、从左到右。

4. 注写文本

画尺寸箭头、注写尺寸数字、填写标题栏及其他文字说明。

5. 检查校核

校核全图，沿图幅边框裁边后签名。绘制完成后的图样应做到字体端正、线型分明、连接光滑、图面整洁。

1.5.2 徒手绘图的方法

仅用铅笔而不使用其他绘图工具，徒手目测估计图形或实物的比例画出的图样称为草图。在测绘机器零件或构思设计模型时，有时因条件所限，无法使用绘图工具画图，所以徒手画草图是一项很有实用价值的基本技能。

初学画草图，最好在方格纸上进行练习，这样比较容易画水平线和铅垂线，也便于用数格子的办法控制物体的尺寸。

草图不注比例，但应由目测使图形基本保持物体的比例关系。画草图决不意味着潦草马虎，同样要求线型分明、尺寸齐全。

工程图样是由一些线段、圆和圆弧，以及一些非圆曲线组成的，所以，首先要掌握线段、圆及常见非圆曲线的画法。

1. 画直线

画直线时，铅笔要握得自然、轻松，目光应注视终点，不要只看笔尖，这样才能画得直和方向正确。画水平线、铅垂线和倾斜线的运笔方法，如图 1-40 所示。

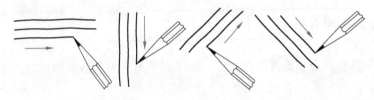

图 1-40　徒手画直线

2. 画圆及圆弧

画圆时，应先定出圆心的位置，过圆心画出相互垂直的中心线，按直径的大小在其上取四点。若画较大的圆时，可再增加两条 45°斜线，在其上再取四点，然后光滑连接成圆，如图 1-41 所示。

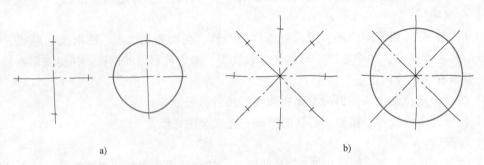

a)   b)

图 1-41　徒手画圆

3. 画椭圆

画椭圆时，应先定出圆心的位置，过圆心画出相互垂直的中心线，在其上定出长、短轴的端点，过端点作中心线的平行线，构成矩形，然后连接矩形的对角线，并在其上定出四点，再光滑连接这些点，即成椭圆，如图 1-42 所示。

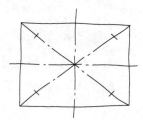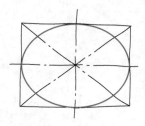

图 1-42　徒手画椭圆

第 2 章

投影理论基础

点、直线和平面是构成物体的基本几何元素，掌握这些基本几何元素的正投影规律，是学好机械制图的基础。本章主要介绍投影法的基础知识，点、线和面的投影，以及绘图原理和方法。

2.1 投影法的基本知识

2.1.1 投影法的概念

用灯光或阳光照射物体，在地面或墙面上就会产生影子。人们把这种现象归纳、抽象出来，便形成了把空间物体图示在平面上的投影法。如图 2-1 所示，△ABC 在灯光的照射下，在 P 平面上得到它的影像△abc，光源称为投射中心，光线称为投射线，平面 P 称为投影面，影像△abc 则称为物体的投影，简称投影。这种由一束光线照射物体在预设的投影面上产生影像的方法，称为投影法。

2.1.2 投影法的分类

常用的投影法有两种：中心投影法和平行投影法。

1. 中心投影法

如图 2-1 所示，投射线都是从投射中心 S 发出，在投影面上做出物体的投影的方法称为中心投影法。中心投影法所得投影△abc 的大小会随投射中心 S 距空间△ABC 的远近，或者空间△ABC 离开投影面的远近而变化。由此可知，中心投影不反映形体的真实大小，且作图方法较为复杂，故机械图样不采用此方法，此方法主要用于绘制建筑物或产品具有真实感的立体图——透视图。

2. 平行投影法

如图 2-2 所示，假设将投射中心 S 沿着不平行于投影面的方向移到无穷远处，这时投射线就可以看作是互相平行的。用这种互相平行的投射线在投影面上得到物体投影的方法称为平行投影法。

在平行投影法中，投射线的方向称为投射方向 S，因其投射线的方向不同又分为两种投影方法。投射线与投影面倾斜的平行投影法称为斜投影法，根据斜投影法所得到的投影称为斜投影，如图 2-2a 所示。投射线与投影面垂直的平行投影法称为正投影法，根据正投影法所得到的投影称为正投影，如图 2-2b 所示。机械图样主要是采用正投影法绘制的。

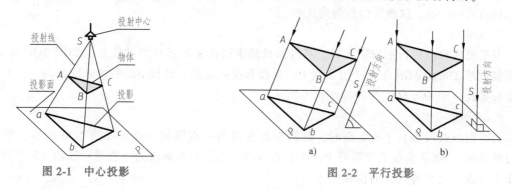

图 2-1　中心投影　　　　　　　　　　图 2-2　平行投影

2.1.3　正投影法的基本性质

在研究应用正投影法表示物体的形状时，首先应了解构成物体的平面和直线的正投影的基本特性。

1. 平行性

平行两直线的投影一般仍为相互平行的直线。如图 2-3a 所示，$AB/\!/CD$，则有两投射平面 $ABba/\!/CDdc$，且垂直投影面 P，所以 $ab/\!/cd$，这种特性称为平行性。

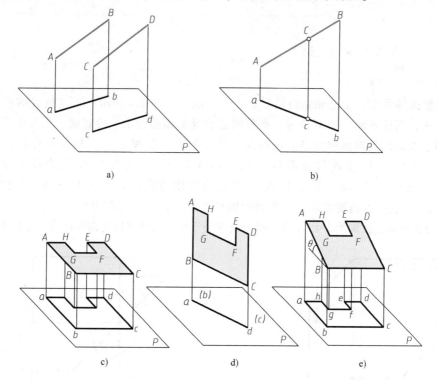

图 2-3　正投影法的基本特性

a）平行性　b）定比性　c）实形性　d）积聚性　e）类似性

2. 定比性

一条直线上任意三个点的简单比与对应点的投影的比值保持不变。如图 2-3b 所示，点 A、B、C 为直线上的三个点，其对应投影点为 a、b、c，由初等几何的平行线截割定理可证明：$AC/CB = ac/cb$，这种特性称为定比性。

3. 实形性

当平面或线段平行于投影面时，其投影反映平面的实形或线段的实长。如图 2-3c 所示，平面多边形 $ABCDEFGH$ 平行于投影面 P，其投影反映实形；线段 AB 平行于投影面 P，其投影反映实长，即 $ab = AB$，这种特性称为实形性。

4. 积聚性

当平面或线段垂直于投影面时，其投影积聚成为一直线或一点。如图 2-3d 所示，平面多边形 $ABCDEFGH$ 垂直于投影面 P，其平面多边形的投影积聚成为一直线；线段 AB 的投影积聚为一点，这种特性称为积聚性。

5. 类似性

当平面或线段倾斜于投影面时，其平面图形的投影成为一个与其不全等的类似形，线段投影成为比实长短的线段。如图 2-3e 所示，平面 $ABCDEFGH$ 倾斜于投影面 P，则其投影仍为与其边数相同的类似形；线段 AB 倾斜于投影面 P，其投影变短，即 $ab < AB$，这种特性称为类似性。

以上所述的正投影法的基本性质，对图示、图解空间几何问题和学习机械制图起着极其重要的指导作用。

2.2 物体的三视图

2.2.1 三投影面体系的形成

1. 三投影面体系

三投影面体系由三个互相垂直的投影面所组成，如图 2-4 所示。正立放置的投影面称为正立投影面，简称正面，用 V 表示。水平放置的投影面称为水平投影面，简称水平面，用 H 表示。侧立放置的投影面称为侧立投影面，简称侧面，用 W 表示。相互垂直的投影面之间的交线，称为投影轴。V 面与 H 面的交线称为 OX 轴（简称 X 轴），它代表长度方向；W 面与 H 面的交线称为 OY 轴（简称 Y 轴），它代表宽度方向；V 面与 W 面的交线称为 OZ 轴（简称 Z 轴），它代表高度方向；三根投影轴相互垂直，其交点称为原点。

如图 2-5 所示，投影面 V 和 H 将空间分成四个分角，这里只讲述物体在第一分角中的投影。

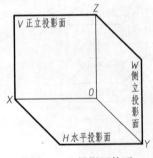

图 2-4　三投影面体系

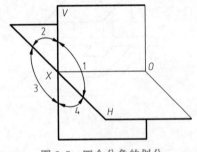

图 2-5　四个分角的划分

2. 物体在三投影面体系中的投影

将物体放置在三投影面体系中，按正投影法向各投影面投射，即可在 V 面上得到物体的正面投影、在 H 面上得到物体的水平投影、在 W 面上得到物体的侧面投影，如图 2-6a 所示。

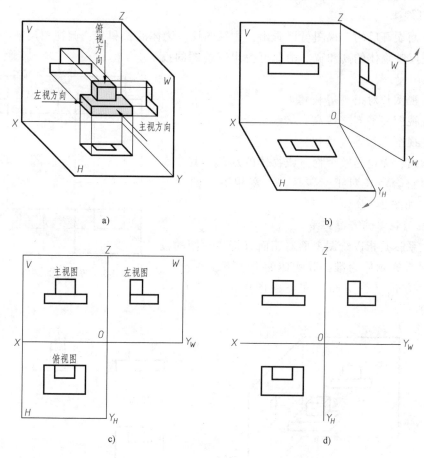

图 2-6　三视图的形成

3. 三投影面的展开

为了画图方便，需将互相垂直的三个投影面展开在同一平面上，V 面保持不动，H 面绕 OX 轴向下旋转 90°，W 面绕 OZ 轴向右后旋转 90°，展开后均与 V 面重合。这时 OY 轴被分为两处，H 面上的用 OY_H 来表示，W 面上的用 OY_W 来表示，如图 2-6b 所示。

2.2.2　物体的三视图及其投影规律

1. 三视图的形成

用正投影法将物体向投影面投影所得的图形，称为视图。物体在三个投影面上所得的三个视图，即为三视图，如图 2-6c 所示。分别为：

主视图：由前向后投射在 V 面上得到的视图，即物体的正面投影。

俯视图：由上向下投射在 H 面上得到的视图，即物体的水平投影。

左视图：由左向右投射在 W 面上得到的视图，即物体的侧面投影。

31

画图时，不必画出投影面的范围，因为它的大小与视图无关。这样三视图更为清晰，如图 2-6d 所示。

2. 三视图的位置关系

以主视图为准，俯视图在它的下面，左视图在它的右面。

3. 投影规律

由投影面展开后的三视图可以看出，主视图反映物体的长和高；俯视图反映物体的长和宽；左视图反映物体的高和宽。由此可得出三视图的投影规律：

主、俯视图长对正（等长）。

主、左视图高平齐（等高）。

俯、左视图宽相等（等宽）。

应当指出，无论是整个物体或物体的局部，其三面投影都必须符合"长对正，高平齐，宽相等"的"三等"规律，如图 2-7 所示。

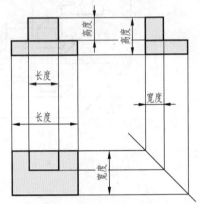

图 2-7　视图间的"三等"关系

4. 视图与物体的方位关系

方位关系，是指以绘图者面对正面（即主视图的投射方向）来观察物体为准，看物体的上、下、左、右、前、后六个方位（图 2-8a）在三视图中的对应关系，如图 2-8b 所示。

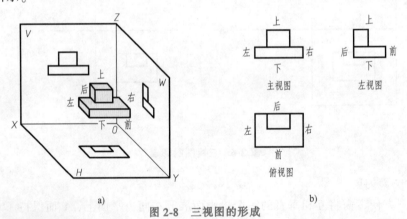

图 2-8　三视图的形成

主视图反映物体的上、下和左、右。

俯视图反映物体的左、右和前、后。

左视图反映物体的上、下和前、后。

2.3　点的投影

2.3.1　点的三面投影

假设在第一分角中有一点 A，由点 A 分别向面 H、V、W 作投射线，所得交点 a、a'、a''

就是点 A 的水平投影、正面投影、侧面投影（本书用与空间点符号相应的小写字母加一撇和两撇作为该点的正面投影和侧面投影的符号），如图 2-9 所示。

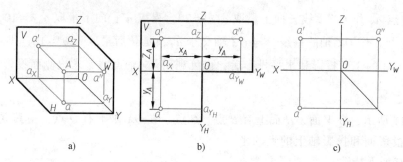

图 2-9　点的三面投影

1. 点的三面投影特性

如图 2-9a 所示，三条投射线 Aa、Aa'、Aa'' 中的每两条线可确定一个平面，分别与三个投影面垂直相交构成一个长方体 $Aaa_Xa'a_Za''a_YO$。由于长方体的每组平行边分别相等，由此可概括出点的三面投影特性：

1）点的 V 面投影与 H 面投影连线垂直于 OX 轴，即 $a'a \perp OX$。

2）点的 V 面投影与 W 面投影连线垂直于 OZ 轴，即 $a'a'' \perp OZ$。

3）点的水平投影到 OX 轴的距离等于其侧面投影到 OZ 轴的距离，即 $aa_X = a''a_Z$。

在画投影图时，不必画出投影面的边框和点 a_X、a_Y、a_Z，可利用过原点 O 且与水平方向成 45°的辅助线绘图，如图 2-9c 所示。

2. 点的投影与坐标

如图 2-9b 所示，点的投影与坐标有如下的关系：

x 坐标：$Oa_X = a'a_Z = aa_{Y_H} = Aa''$（点 A 到 W 面的距离）。

y 坐标：$Oa_{Y_H} = Oa_{Y_W} = aa_X = a''a_Z = Aa'$（点 A 到 V 面的距离）。

z 坐标：$Oa_Z = a'a_X = a''a_{Y_W} = Aa$（点 A 到 H 面的距离）。

例 2-1　如图 2-10a 所示，已知点 A（15，10，20），求作其三面投影图。

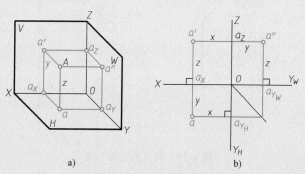

图 2-10　求作点的三面投影

a）立体图　b）投影图

作图步骤　如图 2-10b 所示。

1）作出相互垂直的投影轴，并标出其名称。

2）在 OX 轴上量取 $Oa_X = 15$，得点 a_X。

3）过点 a_X 作 OX 垂线，向上量取 $a_X a' = 20$，得点 a'；向下量取 $a_X a = 10$，得点 a。

4）过点 a' 作 OZ 轴的垂线，与 OZ 轴交于 a_Z，延长后量取 $a_Z a'' = 10$，得点 a''。

作出点 A 的正面投影和水平投影后，也可利用 $45°$ 辅助线，求出侧面投影。

3. 投影面和投影轴上的点

如图 2-11 所示，在 V 面、H 面上有 B 点、C 点，在 OX 轴上有 D 点，由其立体图和投影图可以得出投影面和投影轴上的点的坐标和投影具有如下特性：

1）投影面上的点有一个坐标为零，在该投影面上的投影与该点重合，在相邻投影面上的投影分别在相应的投影轴上。

2）投影轴上的点有两个坐标为零，在包含这条轴的两个投影面上的投影都与该点重合，在另一投影面上的投影则与原点 O 重合。

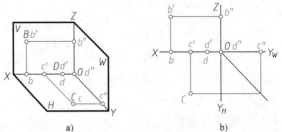

图 2-11 投影面和投影轴上的点

a）立体图 b）投影图

2.3.2 两点的相对位置

1. 两点相对位置的确定

两点间的坐标差确定两点间的相对位置。如图 2-12 所示，两个点的投影沿左右、前后、上下三个方向所反映的坐标差，即为这两点对投影面 W、V、H 的距离差，确定了两点的相对位置。

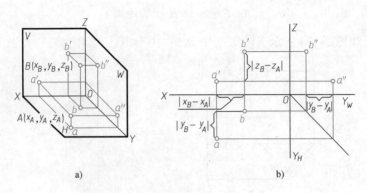

图 2-12 两点的相对位置

a）立体图 b）投影图

例 2-2 如图 2-13a 所示，已知点 A 的两面投影 a 及 a'；又知点 B 在点 A 的右方 10，点 A 的上方 8，点 A 的前方 6，求点 B 的投影。

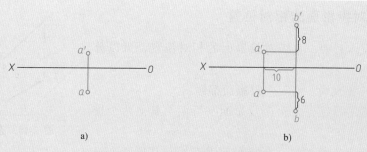

图 2-13　根据相对坐标作投影图

作图步骤　如图 2-13b 所示。

1）根据点 B 在点 A 的右方 10，由 $a'a$ 的投影连线向右沿 OX 轴量取 10，并作线垂直于 OX 轴。

2）根据点 B 在点 A 的上方 8，过 a' 作水平线与前面作的垂线相交，由交点处向上沿 OZ 轴量取 8，即得到点 B 的正面投影 b'。

3）根据点 B 在点 A 的前方 6，过 a 作水平线与所作的垂线相交，然后由交点处向下沿 OY 轴量取 6，即得到点 B 的水平投影 b。

2. 重影点

当两点处于同一投射线上时，它们在该投射线垂直的投影面上的投影重合，此两点称为对该投影面的重影点。如图 2-14a 所示，点 A、B 称为对 H 面的重影点；点 C、D 称为对 V 面的重影点。

两点重影必产生可见性问题，显然距投影面远的一点是可见的，分别应该是前遮后、上遮下、左遮右，如图 2-14b 所示。对于不可见点的投影，要加括号表示，以示区别。

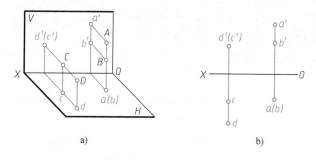

图 2-14　V、H 面上重影点

a）立体图　b）投影图

2.4　直线的投影

直线的投影一般情况下仍为一直线，特殊情况积聚为一点。如图 2-15 所示，直线 AB 在 H 面上的投影仍为直线 ab；直线 CD 在 H 面的投影积聚为一点。

2.4.1 直线对投影面的相对位置

在三投影面体系中，直线对投影面的相对位置，可以分三类：

（1）一般位置直线 与三个投影面都倾斜。

（2）投影面平行线 与一个投影面平行而与其他两个投影面倾斜。

（3）投影面垂直线 与一个投影面垂直而与其他两个投影面平行。

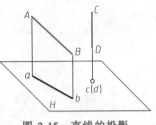

图 2-15 直线的投影

直线与它的水平投影、正面投影、侧面投影的夹角，称为该直线对投影面 H、V、W 的倾角，分别用 α、β、γ 表示。

1. 一般位置直线

如图 2-16 所示，由于一般位置直线 AB 对三个投影面都倾斜，A、B 两点到各投影面的距离均不相等，所以其三个投影都与投影轴倾斜。由此可得一般位置直线的投影特性：

1）直线的三个投影都倾斜于投影轴；投影长度小于直线的实长。

2）各投影与投影轴的夹角均不反映空间直线对投影面的倾角。

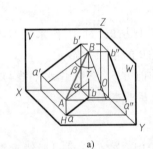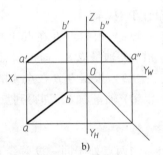

a)   b)

图 2-16 一般位置直线

a）立体图 b）投影图

2. 投影面平行线

在三投影面体系中，按直线所平行的投影面不同，可分为三种：

（1）水平线 平行于 H 面，与 V 面、W 面倾斜。

（2）正平线 平行于 V 面，与 H 面、W 面倾斜。

（3）侧平线 平行于 W 面，与 V 面、H 面倾斜。

投影面平行线的立体图、投影图和投影特性见表 2-1。由此可概括出投影面平行线的投影特性如下：

1）在其所平行的投影面上的投影反映实长，该投影与相应投影轴的夹角等于直线相对另两投影面的真实倾角。

2）在另两投影面上的投影平行于相应的投影轴，且小于实长。

表 2-1 投影面平行线

名称	立体图	投影图	投影特性
水平线			1. $ab = AB$，反映 β、γ 大小 2. $a'b'\text{//}OX$，$a''b''\text{//}OY_W$

（续）

名称	立体图	投影图	投影特性
正平线			1. $a'b'=AB$，反映 α、γ 大小 2. $ab//OX$，$a''b''//OZ$
侧平线			1. $a''b''=AB$，反映 α、β 大小 2. $a'b'//OZ$，$ab//OY_H$

3. 投影面垂直线

在三投影面体系中，按直线所垂直的投影面不同，也可分为三种：

（1）铅垂线 垂直于 H 面，与 V 面、W 面平行。

（2）正垂线 垂直于 V 面，与 H 面、W 面平行。

（3）侧垂线 垂直于 W 面，与 V 面、H 面平行。

投影面垂直线的立体图、投影图和投影特性见表 2-2。由此可概括出投影面垂直线的投影特性如下：

1）在其所垂直的投影面上的投影积聚成一点。

2）在另外两投影面上的投影垂直于相应的投影轴，且反映线段实长。

表 2-2 投影面垂直线

名称	立体图	投影图	投影特性
铅垂线			1. H 面投影为一点，有积聚性 2. $a'b'\perp OX$，$a''b''\perp OY_W$，$a'b'=a''b''=AB$
正垂线			1. V 面投影为一点，有积聚性 2. $ab\perp OX$，$a''b''\perp OZ$，$ab=a''b''=AB$

（续）

名称	立体图	投影图	投影特性
侧垂线	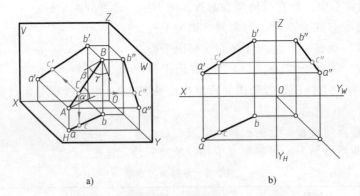		1. W 面投影为一点，有积聚性 2. $ab \perp OY_H$，$a'b' \perp OZ$，$ab = a'b' = AB$

2.4.2 直线上的点

如图 2-17 所示，空间点 C 属于直线 AB，则点的投影与直线的投影间有以下关系：

1）属于直线的点，其各面投影必在直线的同面投影上。

如图 2-17a 所示，已知 $C \in AB$，则有：$c \in ab$，$c' \in a'b''$，$c'' \in a''b''$；反之，如果点的各个投影都在直线的同面投影上，则点在直线上。

2）属于线段的点，分线段之比等于其投影之比。

如图 2-17b 所示，C 在线段 AB 上，则有：$AC : CB = ac : cb = a'c' : c'b' = a''c'' : c''b''$。

图 2-17 属于直线上的点

a）立体图 b）投影图

2.4.3 两直线的位置关系

空间两直线的相对位置有三种情况：平行、相交、交叉。平行和相交两直线都是位于同一平面上的直线，交叉两直线则不在同一平面上。

1. 平行两直线

若空间两直线互相平行，则它们的各同面投影必互相平行。如图 2-18 所示，若 $AB /\!/ CD$，则 $ab /\!/ cd$，$a'b' /\!/ c'd'$，$a''b'' /\!/ c''d''$。反之，若两直线的同

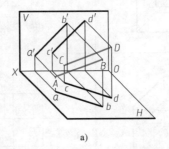
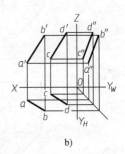

图 2-18 平行两直线

a）立体图 b）投影图

面投影都相互平行，则该两直线在空间一定互相平行。

2. 相交两直线

若空间两直线相交，则它们的三面投影必相交，且交点符合点的投影规律，如图 2-19 所示。反之，若两直线的各面投影都相交，且交点投影的连线垂直于对应的投影轴，即交点符合点的投影规律，则两直线在空间必相交。

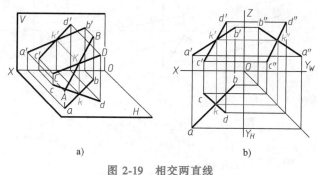

图 2-19　相交两直线

a）立体图　b）投影图

3. 交叉两直线

空间两直线既不平行也不相交，称为交叉两直线，如图 2-20 所示。交叉两直线的同面投影可能有一组、两组相交或三组都相交，但三个同面投影的交点不符合点的投影规律。如图 2-20 所示为交叉两直线 AB 和 CD，其水平投影和正面投影都相交，但投影交点的连线不垂直于 OX 轴，即不符合点的投影规律。水平投影的交点是 AB 上的 1 点与 CD 上的 2 点相对于 H 面的一对重影点，2 点在上，1 点在下，水平投影中的 2 点可见，1 点不可见；同样，正面投影的交点是 AB 上的 3 点与 CD 上的 4 点相对于 V 面的一对重影点，3 点在前，4 点在后，正面投影中的 3 点可见，4 点不可见。

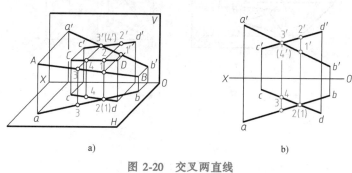

图 2-20　交叉两直线

a）立体图　b）投影图

2.5　平面的投影

2.5.1　平面的表示方法

平面通常用确定该平面的几何元素的投影表示。在投影图上可以用下列任意一组几何元素的投影表示平面，如图 2-21 所示。图 2-21a 所示为不在同一直线上的三点；图 2-21b 所示为直线与线外一点；图 2-21c 所示为相交两直线；图 2-21d 所示为平行两直线；图 2-21e 所示为平面图形。以上各种表示平面的方法可以相互转换。

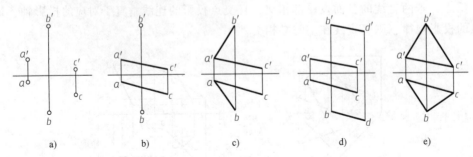

a)   b)   c)   d)   e)

图 2-21　用几何元素的投影表示平面

2.5.2　平面对投影面的相对位置

平面对投影面的相对位置可分为三类：①一般位置平面；②投影面垂直面；③投影面平行面。平面与面 H、V、W 的两面角，分别是平面对面 H、V、W 的倾角 α、β、γ。

1. 一般位置平面

对三个投影面都倾斜的平面称为一般位置平面，如图 2-22a 中的平面 $\triangle ABC$。一般位置平面的投影特性为：其三面投影均不反映实形，且面积缩小。

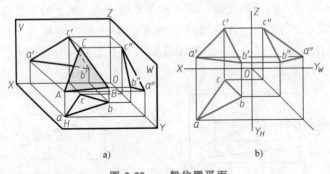

a)   b)

图 2-22　一般位置平面

a) 立体图　b) 投影图

2. 投影面垂直面

只垂直于一个投影面的平面称为投影面垂直面，可分为以下三种：

（1）铅垂面　垂直于 H 面的平面，与 V 面、W 面倾斜。

（2）正垂面　垂直于 V 面的平面，与 H 面、W 面倾斜。

（3）侧垂面　垂直于 W 面的平面，与 V 面、H 面倾斜。

投影面垂直面的立体图、投影图和投影特性见表 2-3。由此可概括出投影面垂直面的投影特性：

1）平面在垂直的投影面上的投影，积聚成直线；它与投影轴的夹角，分别反映该平面对另两投影面的真实倾角。

2）平面在另外两个投影面上的投影仍为平面图形，成为比实形要小的类似形。

表2-3　投影面垂直面

名称	立体图	投影图	投影特性
铅垂面			1. H面投影积聚成直线，并反映真实倾角 β、γ 2. V面、W面投影为平面图形的类似形，面积缩小
正垂面			1. V面投影积聚成直线，并反映真实倾角 α、γ 2. H面、W面投影为平面图形的类似形，面积缩小
侧垂面			1. W面投影积聚成直线，并反映真实倾角 α、β 2. H面、V面投影为平面图形的类似形，面积缩小

3. 投影面平行面

平行于一个投影面的平面称为投影面平行面，可分为以下三种：

（1）正平面　平行于V面的平面，与H面、W面垂直。

（2）水平面　平行于H面的平面，与V面、W面垂直。

（3）侧平面　平行于W面的平面，与V面、H面垂直。

投影面平行面的立体图、投影图和投影特性见表2-4。由此可概括出投影面平行面的投影特性：

1）在平行的投影面上的投影，反映实形。

2）在另外两个投影面上的投影，分别积聚成直线，且平行于相应的投影轴。

表2-4　投影面平行面

名称	立体图	投影图	投影特性
水平面			1. H面投影反映实形 2. V面、W面投影各积聚成一直线，且分别平行于 OX 轴和 OY_W 轴

41

（续）

名称	立体图	投影图	投影特性
正平面			1. V 面投影反映实形 2. H 面、W 面投影各积聚成一直线，且分别平行于 OX 轴和 OZ 轴
侧平面			1. W 面投影反映实形 2. H 面、V 面投影各积聚成一直线，且分别平行于 OZ 轴和 OY_H 轴

2.5.3　平面上的点与直线

点与直线属于平面的几何条件：

1）点在平面上，则该点必定在这个平面的一条已知直线上。

2）直线在平面上，则该直线必定通过这个平面上的两个已知点，或者通过这个平面上的一个已知点，且平行于这个平面上的另一已知直线。

例 2-3　已知：如图 2-23a 所示，点 M、N 属于平面 $\triangle ABC$，m' 及 n 给出。求：点 M、N 的另一投影。

分析　因为点 M、N 属于平面 $\triangle ABC$，过点 M、N 可以作属于平面 $\triangle ABC$ 的直线，则点 M、N 的投影必属于该直线的同面投影。

作图步骤　如图 2-23b 所示。

1）在正面投影上作辅助线 $m'b'$，与 $a'c'$ 相交于 d'，求出点 D 的水平投影 d，连接 bd 并延长，则点 M 的水平投影 m 必属于 bd。

2）在水平投影图上，过 n 作 $ne \parallel ac$，与 ab 相交于 e，求出点 E 的正面投影 e'，再过 e' 作 $a'c'$ 的平行线，则点 N 的正面投影 n' 必属于该平行线。

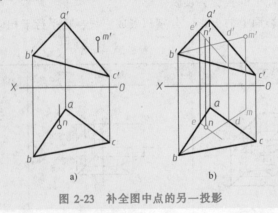

a)　　　　　b)

图 2-23　补全图中点的另一投影

2.5.4 圆的投影

1. 圆与投影面的位置关系

圆与投影面的位置关系分为：平行、垂直和倾斜。

2. 投影特性

（1）平行 在与圆平面平行的投影面上的投影反映实形。

（2）垂直 在与圆平面垂直的投影面上的投影是直线，长度等于圆的直径。

（3）倾斜 在与圆平面倾斜的投影面上的投影是椭圆；长轴是圆的平行于这个投影面的直径的投影，短轴是圆的与上述直径相垂直的直径的投影。

图 2-24 所示分别为平行和垂直于投影面的圆。

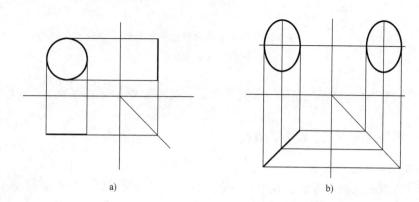

a)   b)

图 2-24 圆的投影

a）平行投影面的圆 b）垂直投影面的圆

2.5.5 直角投影定理

1. 垂直相交两直线的投影

定理一 垂直相交的两直线，其中有一条直线平行于投影面时，则两直线在该投影面上的投影仍反映直角，如图 2-25 所示。证明如下：

$AB \perp AC$，且 $AB // H$ 面，AC 不平行于 H 面

$AB \perp AC$，$ab \perp Aa$

$ab // AB$，$ab \perp AC$

$ab \perp$ 面 $AacC$

$ab \perp ac$，即 $\angle bac = 90°$

逆定理 若相交两直线在某一投影面上的投影成直角，其中有一条直线为该投影面的平行线，则这两直线在空间也必互相垂直。

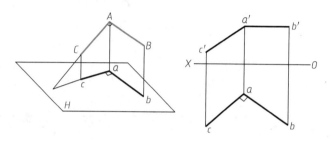

图 2-25 垂直相交两直线的投影

$AB \perp AC$，且 $AB // H$ 面，则有 $ab \perp ac$。

例 2-4 试过点 A 作线段 EF 的垂线 AB，并使 AB 平行于 V 面。如图 2-26a 所示。

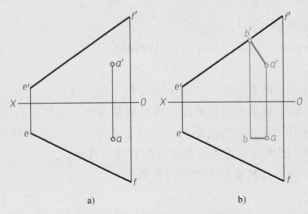

图 2-26 过点 A 作线段 EF 的垂线

a）立体图 b）投影图

解 1）因为 $AB//V$ 面，所以 AB 是正平线；过点 a' 作 $a'b'\perp e'f'$ 交 $e'f'$ 于点 b'；如图 2-26b 所示。

2）因为 AB 是正平线，故 $ab//OX$。

2. 垂直交叉两直线的投影

定理二 垂直交叉的两直线，其中有一条直线平行于投影面时，则两直线在该投影面上的投影仍反映直角。

逆定理 若交叉两直线在某一投影面上的投影成直角，其中有一条直线为该投影面的平行线，则这两直线在空间也必互相垂直。

$AB\perp EF$，且 $AB//H$ 面，则有 $ab\perp ef$，如图 2-27 所示。

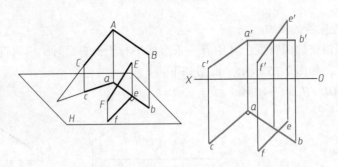

图 2-27 垂直交叉两直线的投影

2.6 换面法

2.6.1 换面法的概念

由前述内容可知，当空间几何元素对投影面处于一般位置时，它们的投影一般不反映真实形状和大小，也不具有积聚性，但当它们对投影面处于特殊位置时，则其投影或具有积聚性，或反映其真实形状。因此，当要图示、图解一般位置的空间几何元素及其相互间的定位和度量问题时，如能把它变换成特殊位置，则问题就可能比较容易获得解决。各类投影变换见表 2-5。投影变换的常用方法有：换面法、旋转法和斜投影法。本节具体介绍换面法。

表 2-5 各类投影变换

位置	求实长和倾角	求实形	求距离	求夹角	求交点
一般位置					
特殊位置					
	直线段实长和倾角	平面实形	点到平面的距离	两平面的夹角	直线与平面的交点

换面法：空间几何元素位置保持不动，用新投影面体系代替原来的投影面体系，使几何元素在新投影面体系中处于特殊位置。

如图 2-28 所示，在 V/H 体系中，铅垂面 ABC 的两个投影都不反映实形，若取一个平行于 ABC，且垂直于 H 面的 V_1 面，代替原来的 V 面，则 V_1 和 H 便构成了新投影面体系 V_1/H。铅垂面 ABC 在 V_1/H 体系中 V_1 面上的投影 $\triangle a_1'b_1'c_1'$ 就反映其实形。原来的 V 面称为旧投影面，其上的投影称为旧投影；保持不变的 H 面称为不变投影面，其上的投影称为不变投影；新设的 V_1 面称为新投影面，其上的投影称为新投影；原来的投影轴 OX 称为旧轴，投影轴 O_1X_1 称为新轴。

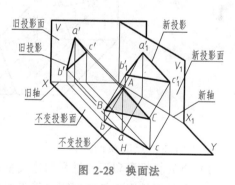

图 2-28 换面法

显然，新投影面的选择不能是任意的，应当符合下列两个条件：

1）新投影面必须垂直于一个不变的投影面。

2）新投影面必须处于使空间几何元素有利于解题的位置。

2.6.2 点和直线的换面

1. 点的换面

（1）点的一次换面 如图 2-29a 所示，已知点 A 在 V/H 体系中的两面投影 a、a'。现用一个新的投影面 V_1 来代替 V 面，V_1、H 构成新投影面体系 V_1/H。在新体系中，由 A 向 V_1

作投射线，得到点 A 在 V_1 面上的新投影 a_1'，由于 H 面保持不动，所以点 A 在 H 面的投影 a 位置保持不变。在画投影图时，应将 V_1 面绕新轴旋转到与 H 面重合（所选择的旋转方向一般应使图形不重叠），得到新的两面投影图，如图 2-29b 所示。

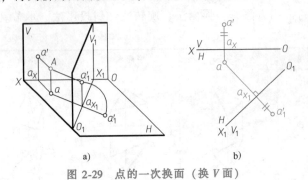

图 2-29 点的一次换面（换 V 面）

由图 2-29 可知，点 A 在新、旧投影体系中的投影有下述关系：

$aa_1' \perp O_1X_1$；$a'a_X = a_1'a_{X_1} = Aa$。

根据此投影关系，只要定出新投影轴的位置，由旧体系中的投影便可求出新体系中的投影。

若用一个垂直于 V 面的新投影面 H_1，代替 H 面，V/H_1 也可组成新投影体系。如图2-30所示，点 A 在新、旧投影体系中的投影也有下述关系：

$a_1a' \perp O_1X_1$；$a_1a_{X_1} = aa_X = Aa'$。

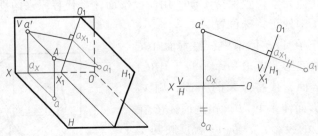

图 2-30 点的一次换面（换 H 面）

综上所述，点的换面规律为：

1）点的新投影和不变投影的连线垂直于新投影轴。

2）点的新投影到新轴的距离等于旧投影到旧轴的距离。

（2）点的两次换面 用一次换面法解题，有时不足以解决问题，而必须变换两次或多次。图 2-31a 所示为用两次换面求点的新投影的方法，其原理和作图方法与一次换面相同。但必须注意，在多次换面时，变换的投影面要交替进行。两次换面的先后次序是根据需要而定，应以 V/H、V_1/H、V_1/H_2 或 V/H、V/H_1、V_2/H_1 顺序变换。如图 2-31b、c 所示。

2. 直线的换面

（1）把一般位置直线变换为投影面平行线 把一般位置直线变换为投影面平行线时，其投影能反映直线的实长及其对投影面的倾角。

如图 2-32a 所示，直线 AB 在 V/H 体系中为一般位置，用 V_1 面代替 V 面，使 V_1 面平行直线 AB 并垂直于 H 面。此时 AB 在新投影体系 V_1/H 中，成为新投影面 V_1 的平行线。因此，

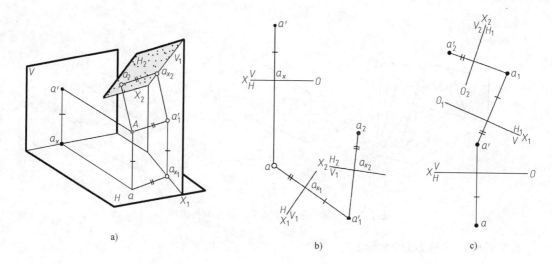

图 2-31 点的两次换面

把一般位置直线变换为投影面平行线，一次换面即可。

作图步骤：如图 2-32b 所示。

1）作 $O_1X_1 /\!/ ab$。

2）根据点的换面规律，求出新投影 a_1'、b_1'。

3）求实长：连 $a_1'b_1'$ 即为直线 AB 的实长。

4）求 α 角：$a_1'b_1'$ 与 O_1X_1 的夹角即为直线 AB 与 H 面的夹角 α。

若只求线段实长，可换任意一个投影面，但若求直线对不同投影面倾角时，则需变换相应的投影面，如图 2-32c 所示。

求 β 角时，应变换 H 面，建立 V/H_1 体系，使直线 AB 成为新的投影面 H_1 的平行线。

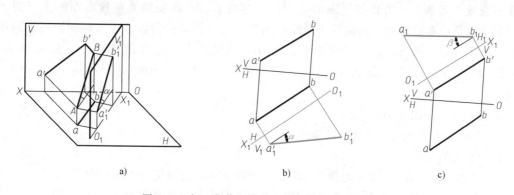

图 2-32 把一般位置直线变换为投影面平行线

（2）把一般位置直线变换为投影面垂直线 要把一般位置直线变换为投影面垂直线，一次换面是不行的。若直接取一个新投影面垂直于一般位置直线，则此面必然是一般位置平面，它与 V、H 面都不垂直，不能构成新的投影体系。为此，必须进行两次换面。如图2-33a 所示，第一次换面时，用 V_1 面替换 V 面，将直线 AB 换成 V_1 面的平行线，然后再用第二个新

投影面 H_2 替换 H 面，使 H_2 面既垂直直线 AB 又垂直 V_1 面，则 AB 变换为 V_1/H_2 中的垂直线。

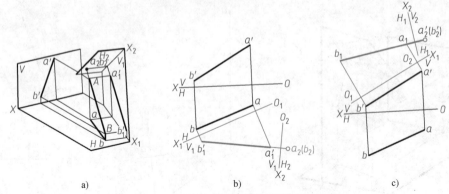

图 2-33　一般位置直线变换为投影面垂直线

作图步骤：如图 2-33b 所示。

1）一次换面：作 $O_1X_1 \parallel ab$。

2）根据点的换面规律，求出新投影 $a_1'b_1'$。

3）二次换面：作 $O_2X_2 \perp a_1'b_1'$。

4）再根据点的换面规律，求出二次新投影 a_2b_2，此时 a_2b_2 已积聚成一点。

若第一次换面时，用 H_1 替换 H，第二次换面时再用 V_2 替换 V，也可将 AB 换成垂直线，作图方法如图 2-33c 所示。

2.6.3　平面的换面

1. 把一般位置平面变换为投影面垂直面

把一般位置平面变换为投影面垂直面，可以求出一般位置平面相对于投影面的倾角。如图 2-34a 所示，$\triangle ABC$ 为一般位置平面，为了将其变换为垂直面，只要取一条属于 $\triangle ABC$ 的任意一直线，将其变换为新投影面的垂直线，这时 $\triangle ABC$ 就变换为新投影面的垂直面了。若所取直线是一般位置的，则需两次换面，如果所取直线是平行线，一次换面即可。因此，在 $\triangle ABC$ 上任取一条投影面平行线（水平线 BD）为辅助线，用 V_1 替换 V，使 V_1 面既垂直水平线 BD 又垂直 H 面，那么 V_1 面也与 $\triangle ABC$ 垂直，此时 $\triangle ABC$ 即变换为 V_1/H 中的垂直面。

作图步骤：如图 2-34b 所示。

1）作 $\triangle ABC$ 上水平线 BD 的两面投影。

2）作 $O_1X_1 \perp bd$。

3）作出 $\triangle ABC$ 在 V_1 面上的投影 $a_1'b_1'c_1'$，此时 $a_1'b_1'c_1'$ 已积聚为一条直线。

4）求 α 角：$a_1'b_1'c_1'$ 与 O_1X_1 的夹角即为平面 $\triangle ABC$ 与 H 面的倾角 α。

如图 2-34c 所示，求 β 角时，应用 H_1 面替换 H 面，找一条正平线，使 H_1 面既垂直正平线又垂直 V 面，则 $\triangle ABC$ 即成为新投影面 H_1 的垂直面。

2. 把一般位置平面变换为投影面平行面

把一般位置平面变换为投影面平行面，可以求出一般位置平面的实形。根据换面条件，一次换面是不能把一般位置平面变换为平行面的。因若直接取一个新投影面平行于一般位置

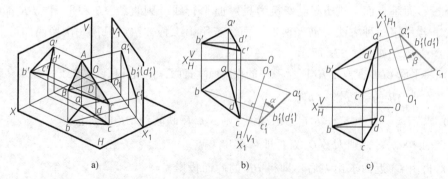

图 2-34 一般位置平面变换为投影面垂直面

平面，则此面也必然是一般位置平面，它与 V 面、H 面都不垂直，不能构成新的投影体系。为此，必须进行两次换面。第一次换面将平面换成垂直面，第二次换面再把垂直面变换为投影面平行面。

作图步骤：如图 2-35 所示。

1）第一次换面。将 ABC 换成垂直面，其投影 $a_1b_1c_1$ 积聚成一条直线。

2）第二次换面。作新轴 $O_2X_2 // a_1b_1c_1$。

3）作出 $\triangle ABC$ 在 V_2 面上的新投影 $a_2'b_2'c_2'$，则所得 $\triangle a_2'b_2'c_2'$ 即为 $\triangle ABC$ 的实形。

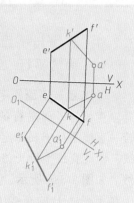

图 2-35 一般位置平面
变换为投影面平行面

3. 换面法的应用

例 2-5 过点 A 作直线与已知直线 EF 垂直相交，如图 2-36 所示。

分析 当直线 EF 平行于某一投影面时，所作垂线与 EF 在该投影面上的投影反映垂直关系。因此将 EF 由一般位置变换为投影面平行线即可，只需一次换面。

作图步骤 如图 2-36 所示。

（1）将 EF 变成 V_1 面的平行线，作 $O_1X_1 // ef$，求出 $e_1'f_1'$ 及 a_1'。

（2）根据直角投影定理，过 a_1' 向 $e_1'f_1'$ 作垂线，与 $e_1'f_1'$ 交于 k_1'，k_1' 即为两直线正交后交点的新投影。

（3）由 k_1' 求出 V/H 体系中的 k、k'，连接 ak 及 a'k' 即为所求直线 AK 的投影。

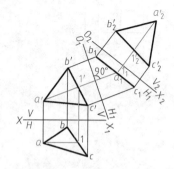

图 2-36 过点作已知
直线的垂线

例 2-6 已知直线 AB 与平面 CDE 平行，求它们之间的距离，如图 2-37 所示。

分析 直线 AB 与平面 CDE 之间公垂线 BK 的实长即为它们之间的距离。欲求 BK 的实长，应使 BK 变换为投影面平行线。有两种方法可选：一是如图 2-37b 所示，将 AB 变换为投影面垂直线，则 BK 就变换为投影面平行线；二是如图 2-37c 所示，将平面 CDE

变换为投影面垂直面，则 BK 也变换为投影面平行线。因直线 AB 和平面 CDE 都处于一般位置，若用第一种方法，需经两次换面，若用第二种方法，只需一次换面即可。

作图步骤　如图 2-37a 所示。

1）将平面 CDE 变换为 H/V_1 体系中的投影面垂直面，作出其积聚成直线的投影 $d_1'c_1'e_1'$。

2）作出 AB 的新投影 $a_1'b_1'$。

3）求距离：自点 b_1' 作 $b_1'k_1' \perp d_1'c_1'e_1'$，则 $b_1'k_1'$ 反映直线 BK 的实长。

4）因 $BK // V_1$，则 $bk // O_1X_1$，即可求出 k 点。

5）再由 k_1' 返回求出 k 后，即得 BK 的两面投影。

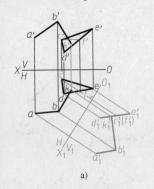
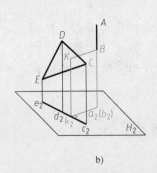
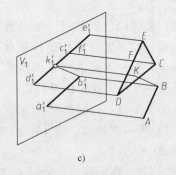

a)　　　　　　　　　b)　　　　　　　　　c)

图 2-37　直线与平面间的距离

2.7　直线与平面以及两平面之间的相对位置

2.7.1　直线与平面、平面与平面的平行

1. 直线与平面的平行

直线与平面平行的几何条件是：若一直线平行于属于定平面的一条直线，则此直线平行于该平面；反之亦然。如图 2-38a 所示，直线 MN 平行于属于平面 P 的直线 EF，则 MN 必平行平面 P。图 2-38b 所示为其投影图。

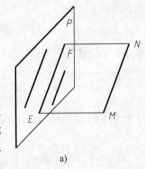
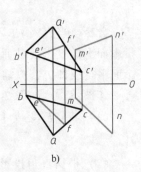

a)　　　　　　　　　b)

图 2-38　直线与平面平行
a）立体图　b）投影图

例 2-7　过点 A 作一条正平线 AB，使之平行于 $\triangle EFG$，如图 2-39a 所示。

分析　过点 A 作与 $\triangle EFG$ 平行的直线可以有无数条，本题要求所作直线为正平线，这样该直线应该平行于属于 $\triangle EFG$ 的正平线。

作图步骤　如图 2-39b 所示。

1）作属于 $\triangle EFG$ 的正平线 GD，先作水平投影 $gd // OX$，再求出 $g'd'$。

2）过点 A 作直线 AB，使其平行于 GD，即 $a'b' /\!/ g'd'$，$ab /\!/ gd$，AB 即为所求。

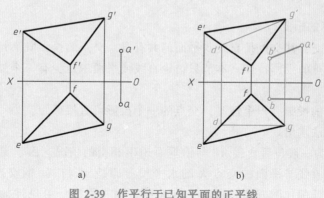

图 2-39　作平行于已知平面的正平线

2. 平面与平面的平行

两平面互相平行的几何条件：属于一个平面的相交两直线对应平行于属于另一平面的相交两直线，如图 2-40 所示。

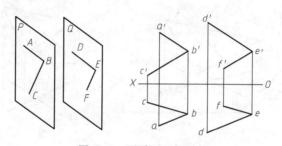

图 2-40　两平面互相平行

例 2-8　如图 2-41a 所示，已知平面由平行两直线 AB 和 CD 给定。试过点 K 作一平面平行于已知平面。

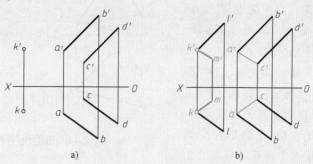

图 2-41　过定点作已知平面的平行线

分析　只要在已知平面中作出相交两直线，再过点 K 作其对应平行线即可。

作图步骤　如图 2-41b 所示。

1）连接 ac、$a'c'$，使 AC 与 AB 成为已知平面内的相交两直线。

2）过点 K 作 KM、KL 分别平行于 AC、AB，$k'm' /\!/ a'c'$，$km /\!/ ac$，以及 $k'l' /\!/ a'b'$、$kl /\!/ ab$，则平面 KLM 即为所求。

2.7.2 直线与平面、平面与平面的相交

1. 直线与平面的相交

直线与平面相交,其交点是直线与平面的共有点。交点的投影既满足直线上点的投影特性,又满足平面上点的投影特性。本节只讨论直线或平面中至少有一个处于特殊位置时的相交情况。

当直线或平面的投影有积聚性时,交点的一个投影可直接确定,另一个投影可用在直线或平面上取点的方法求出。

图 2-42a 所示为一般位置直线 AB 与铅垂面 SUV 相交的情况。由于铅垂面的水平投影积聚成一条直线,则直线与平面的交点 K 的水平投影即是 ab 与 suv 的交点 k,如图 2-42b 所示。再由点属于直线的作图方法,求出交点 K 的正面投影 k'。可见性的判别:根据投影图上直线与平面的位置关系,以 K 为分界点,AK 在铅垂面之前,BK 在其后,因而正面投影 a'k' 可见,b'k' 有一部分不可见。不可见线段一般画成虚线。

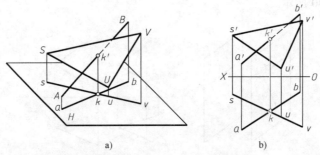

图 2-42 直线与铅垂面相交

图 2-43a 所示为铅垂线 EF 与一般位置平面 ABC 相交。由于直线 EF 是铅垂线,水平投影积聚成一点,交点 K 的水平投影 k 必定与 ef 重合,如图 2-43b 所示。又因交点 K 是平面 ABC 上的点,因此可用面上求点的方法,求出 K 点的正面投影 k'。可见性的判别:直线 EF 与 BC 在空间为交叉两直线,其正面投影的交点为 EF 上的 1 点与 BC 上的 2 点在 V 面上的重影点。根据水平投影 1 在前,2

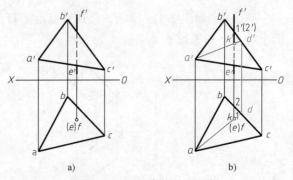

图 2-43 铅垂线与平面相交

在后,可知 EF 的正面投影,以 k' 为分界,f'k' 可见,k'e' 有一部分不可见。

2. 平面与平面的相交

两平面相交所产生的交线是属于两平面的共有线,只要求出属于交线的两个共有点,把它们连接起来,即得交线。

例 2-9 如图 2-44a 所示,求作铅垂面 STUV 与一般位置平面 ABC 相交的交线。

分析 为求得交线,只要求出属于交线的任意两点(如图 2-44a 中所示 K 和 L)就

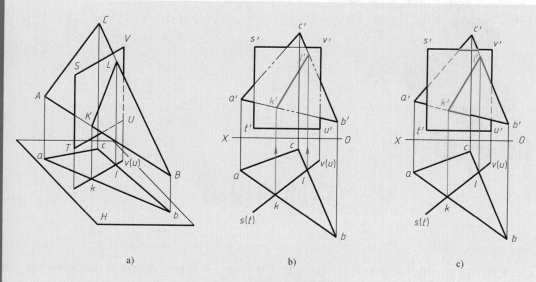

图 2-44 铅垂面与平面相交

可以了。显然 K、L 是平面 ABC 的边 AB 和 BC 与平面 $STUV$ 的交点。

　　作图步骤　如图 2-44b 所示。

　　1）由于铅垂面的水平投影有积聚性，交点 K、L 的水平投影 k、l 从图上可直接得出。

　　2）根据水平投影 k、l，可作出其正面投影 k'、l'，连接 $k'l'$，则交线即作出。

　　3）可见性的判别：从图 2-44c 中可知，平面 ABC 在交线 KL 的右下部分位于铅垂面 $STUV$ 之前，因而其正面投影 $a'b'c'$ 以 $k'l'$ 为分界，$k'l'b'$ 可见，$k'l'c'a'$ 被 $s't'u'v'$ 遮挡的部分不可见。

第 3 章

立体的投影

工程上把单一不可再分的几何体称为基本几何体。尽管机件或物体形状有多种多样，但往往可以将它们看成由若干基本几何体按照某种关系组合而成，因此，研究物体的投影，应首先从这些基本立体的投影作图开始。通常按照其表面的性质与构成将它们分为两大类：一类是表面由平面围成的立体，称为平面立体，如棱柱、棱锥等；另一类是由曲面和平面或全部由曲面围成的立体，称为曲面立体，如圆柱、圆锥、圆球、圆环等，本章着重研究其中的特例——回转体。

3.1 立体的三视图

3.1.1 平面立体及其表面上的点

常见的平面立体有棱柱和棱锥（包括棱台）两种，如图 3-1 所示。

若将棱面与棱面的交线称为棱线，棱面与底面的交线称为边，则平面立体的各个表面轮廓就是由这些棱线与边构成的平面多边形。因此，绘制平面立体的投影就可以归结为绘制立体的各个表面的投影，具体来讲，就是求各棱线和边的投影，或求各个顶点的投影。

当轮廓线的投影可见时，画粗实线；不可见时，应画虚线；虚、实重合时，应画粗实线。

1. 棱柱和棱锥的三视图

一般将物体向投影面投影得到的图形，称为视图。在 V 面上的投影称为主视图；在 H 面上的投影称为俯视图；在 W 面上的投影称为左视图。

图 3-2 所示为直立放置的正五棱柱

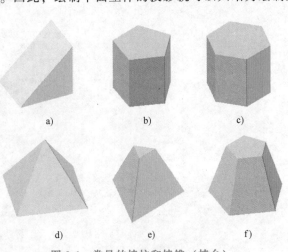

a)　　　　b)　　　　c)

d)　　　　e)　　　　f)

图 3-1　常见的棱柱和棱锥（棱台）

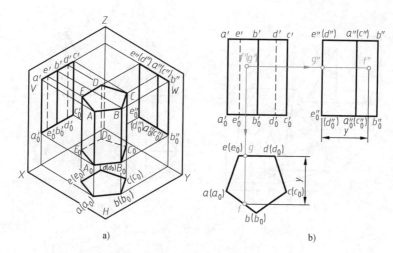

图 3-2　正五棱柱的立体图和三视图

的立体图和三视图。分析可知，它由上下底面和五个棱面围成，上下底面为水平面，五个棱面均与 H 面垂直，五条棱线均为铅垂线。

作图步骤如下：

1）先画上下底面的水平投影：为正五边形的实形，上下底面重合。

2）画出五条棱线的投影：H 面投影积聚在正五边形的五个顶点上，V 面和 W 面投影反映实长（等于棱柱高），其中 $e'e_0'$、$d'd_0'$ 被前侧棱面所挡而不可见；$d''d_0''$ 与 $e''e_0''$ 重合，$c''c_0''$ 与 $a''a_0''$ 重合。

若将物体 OX 方向的坐标定为长，OY 方向的坐标定为宽，OZ 方向的坐标定为高，由图 3-2b 可以看出三视图之间存在下列规律：

主视图与俯视图长对正；主视图与左视图高平齐；俯视图与左视图宽相等。

因为物体三视图的形状和大小，与物体与投影面的距离无关，所以，后面在三视图中将不再画投影轴，如图 3-2b 所示。但一定要注意，保证三面视图的对应关系，不能错位。

图 3-3 所示为一个正四棱锥的立体图和三视图。它是由水平放置的正方形底面与四个棱面围成的，棱线 SA、SC 为正平线，SB、SD 为侧平线。

作图步骤如下：

1）先画底面的投影：H 面投影反映实形，V 面和 W 面投影有积聚性。

2）画锥顶 S 的三面投影：由立体的对称性，可知 H 面投影 s 在 abcd 对角线的交点上，根据该四棱柱的高度及点的对应关系定出 s' 和 s''。

3）将锥顶 S 与各顶点 A、B、C、D 的同面投影连线，画出棱线的各面投影。

由于该四棱锥的四个棱面为一般位置平面，故它们各面的投影均为与空间相类似的三角形。

2. 棱柱和棱锥表面上的点

现以图 3-2b 所示的正五棱柱为例，已知其表面上的点 F、G 的 V 面投影，来作它们的另外两个投影。首先，根据 V 面投影 f' 可见，g' 不可见，判断出点 F 应该在 AA_0B_0B 棱面上，点 G 在 EE_0D_0D 上。作图过程如下：

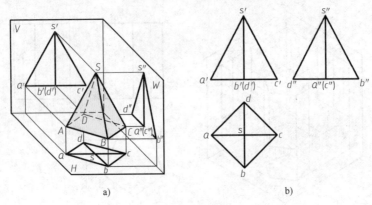

图 3-3　正四棱锥的立体图和三视图

1）在两棱面有积聚性的 H 面投影上求出 f 和 g。

2）在 $e''e_0''d_0''d''$ 上求得 g''。

3）由 f'、f 求出 f''，由于点 F 所在棱面的 W 面投影可见，故 f'' 也是可见的。

例 3-1　已知三棱锥表面上的点 D 和 E 的水平投影，求作正面投影（图 3-4）。

根据水平投影 d 可见，e 不可见，分别判断点 D 在棱面 SAB 上，点 E 在底面 ABC 上。因 E 点所在底面的 V 面有积聚性，直接求得 e'，如图 3-4a 所示；D 点所在棱面 SAB 的 V 面和 H 面投影都没有积聚性，需要作辅助线，具体做法如图 3-4a、b、c 所示。

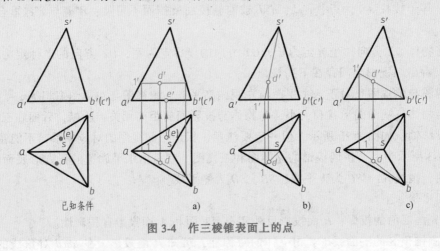

图 3-4　作三棱锥表面上的点

3.1.2　回转体及其表面上的点

由回转面与平面或回转面本身围成的立体就是回转体。作回转体的投影，分析回转面轮廓投影是关键，应首先明确回转面的特征及回转面的形成规律，才能正确作出。如图 3-5 所示，一动线（直线、圆弧或其他曲线）绕一定直线（回转轴线）OO_1 旋转一周所形成的曲面，称为回转面，母线 ABC 在回转面上的任意位置，称为素线；母线上任意点 K 的旋转轨迹是一个垂直于轴线的圆，称为纬圆。

工程上用得最多的回转体有圆柱、圆锥、圆球和圆环等，如图 3-6 所示。下面将分别介绍它们的投影特性及表面上取点、取线的方法。

1. 圆柱

（1）圆柱的投影　圆柱是由圆柱面和上下底面围成的。

如图 3-7a 所示，圆柱面是由母线 AA_0 绕着与之平行的轴线 OO_1 旋转一周形成的，图 3-7b、c 所示是直立圆柱的投影情况和三视图。圆柱体的上下底面是水平面，这里不做详细讨论。下面只分析圆柱面的三个视图，因为圆柱的轴线垂直于 H 面，圆柱面的所有素线都垂直于 H 面，故其俯视图为圆，具有积聚性，主视图和左视图为相同大小的矩形线框。要注意的是，在任何回转体的投影中，对回转表面只画其最外围轮廓素线的投影，同时必须画出轴线和中心线。

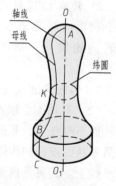

图 3-5　回转面的形成

图 3-6　常见的回转体

如图 3-7b 所示将圆柱面向 V 面投影时，设想作一个与圆柱面相切的投影面，投影面与圆柱面的切线就构成了圆柱面的最外围轮廓，现分别相切于最左、最右两条素线 AA_0 和 BB_0，它们的 V 面投影构成了主视图矩形线框的两侧边 $a'a_0'$ 和 $b'b_0'$，由此确定了圆柱面 V 面投影的范围，称为正视转向轮廓线；同理，左视图矩形线框的两侧边 $c''c_0''$ 和 $d''d_0''$ 则是圆柱面最前、最后两条素线 CC_0 和 DD_0 的投影，称为侧视转向轮廓线。转向轮廓线的性质和投影特点如下：

1）转向轮廓线是回转体的可见部分与不可见部分的分界线。当回转体的轴线平行于投影面时，转向轮廓线处于回转体的对称面内，且平行于相应投影面。

a)

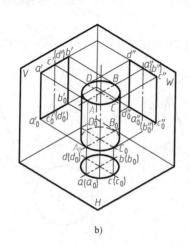

b)

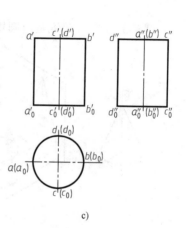

c)

图 3-7　圆柱的形成和三视图

2）转向轮廓线与投影的方向有关，是相对于某个投影面而言的，例如素线 AA_0、BB_0 是对正面的转向轮廓线，而 CC_0、DD_0 是对侧面的转向轮廓线。

3）转向轮廓线的其余投影不应画出。

（2）圆柱面上取点、取线　如图 3-8 所示，已知圆柱面上两点 I、II 的正面投影 1′和 2′，且都可见，求另外两面投影的作图过程。由于点 I 在圆柱面的最左素线上，其另外两个投影可直接求得；而点 II 则利用圆柱面有积聚性的投影，先求 2，再求出 2″，由于点 II 在圆柱的右半部分，故其 W 面的投影 2″为不可见。

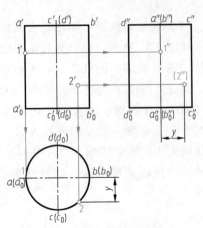

图 3-8　圆柱表面取点

例 3-2　已知圆柱表面的曲线 AE 的 V 面投影 $a'e'$（图 3-9），求另外两面投影。

分析　曲线是由许许多多的点组成的。求作曲线的投影，就是求其上若干点的投影，最后将它们的同面投影顺次连接，即为所求。

作图步骤　如图 3-9 所示。

1）在 V 面投影 $a'e'$ 上选取若干点，如 a'、b'、c'、d'、e'。

2）利用积聚性，先求出各个点的 H 面投影 a、b、c、d、e。

3）再由 V 面和 H 面投影，求出 W 面投影 a''、b''、c''、d''、e''。

4）用曲线板依次光滑连接各个点的同面投影；由于 AC 在圆柱的左半部分，而 CE 在右半部分，故其 W 面投影，$a''b''c''$ 可见，画粗实线；$c''d''e''$ 不可见，画虚线。

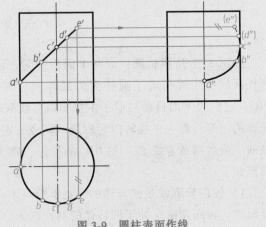

图 3-9　圆柱表面作线

2. 圆锥

（1）圆锥的投影　圆锥是由圆锥面和底面围成的，如图 3-10a 所示。

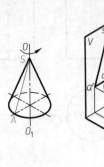

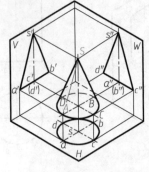

a)

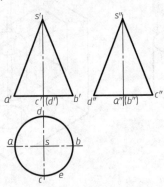

b)

图 3-10　圆锥的形成和三视图

圆锥面是由一条直母线 SA 绕着与它相交的轴线 OO_1 旋转一周形成的。因此圆锥面上任意位置的素线均交于锥顶 S。图 3-10b 所示是轴线垂直于水平面的圆锥的投影情况和三视图。因为底面是水平面，所以俯视图为圆，圆锥面上的所有素线的 H 面投影都在该圆内，主视图和左视图为相同的等腰三角形，其中底边是圆锥底面的投影，两腰是转向轮廓线的投影。对正面的转向轮廓线是最左和最右素线 SA、SB，对侧面的转向轮廓线是最前和最后素线 SC、SD，它们的 W 面和 V 面投影都与轴线重合，H 面投影与圆的对称中心线重合。

（2）圆锥面上取点、取线 如图 3-11 所示，已知最左素线 SA 上的点 Ⅰ 和一般点 Ⅱ 的 V 面投影 $1'$、$2'$，求另外两面投影的过程。由于点 Ⅰ 在素线 SA 上，因此另外两面投影 1 和 $1''$，只需找出 SA 在 H 面和 W 面的投影，即可直接求出；对于一般位置的点 Ⅱ，若已知它的一个投影，求另外两个投影，则只能用间接的方法——作辅助线，下面介绍点 Ⅱ 的两种作图方法。

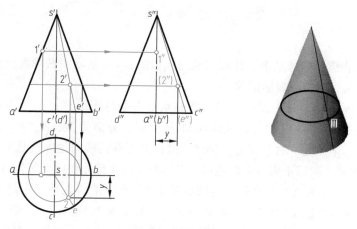

图 3-11 圆锥面取点

一种是过点 Ⅱ 及顶点 S 作圆锥面上的素线 SE，即先过 $2'$ 作 $s'e'$，由 e' 求出 e 和 e''，连接 se 和 $s''e''$，它们是辅助线 SE 的 H、W 面的投影，而点 Ⅱ 的 H、W 面的投影必落在 SE 的各个同面投影上，从而求出 2 和 $2''$。

另一种是过点 Ⅱ 在圆锥面上作一个纬圆，该圆与轴线垂直为水平纬圆，点 Ⅱ 的投影必在该纬圆的各个同面投影上。作图步骤为：

1）过 $2'$ 作水平线，它是纬圆的 V 面投影，等于该纬圆的直径。

2）以 s 为圆心（半径从 V 面上量取），画出水平纬圆的 H 面投影（反映实形）。

3）从 $2'$ 向下引垂线，按从属性落于纬圆上求出 2，再由 $2'$ 和 2，求出 $2''$。因点 Ⅱ 在圆锥的右半部分，所以 $2''$ 为不可见。

例 3-3 已知圆锥表面的曲线 AE 的 V 面投影 $a'e'$（图 3-12），求其另外两面投影。

分析 在曲线 AE 上选择若干点 A、B、C、D、E，其中点 C 是最前素线上的点，可直接求得它的另外两面投影，而点 A、B、D、E 是圆锥面上的一般点，故需要作辅助线来求，本题采用纬圆法（读者也可尝试用素线法）分别求出各点的其他两面投影，同时注意分辨可见性，最后将各个同面投影依次光滑连接，即为曲线的投影。作图过程如图 3-12所示。

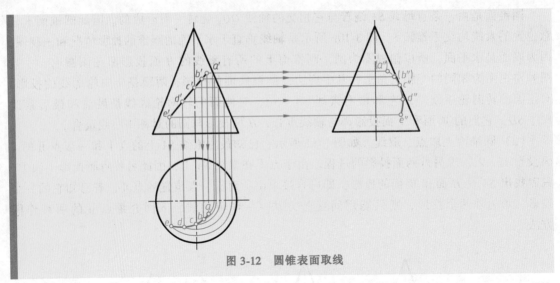

图 3-12　圆锥表面取线

3. 圆球

（1）圆球的投影　圆球是由圆球面围成的，如图 3-13a 所示，圆球面是由一圆母线，以它的直径为回转轴线回转一周形成的。

由图 3-13b、c 所示可知，圆球的三视图分别是三个与圆球直径相等的圆。球面对三个投影面的转向轮廓线，是平行于相应投影面的最大圆，分别为 M、N、P。它们分别把球面分为前、后、上、下、左、右几部分。例如，圆球对正面的转向轮廓线是最大正平圆 M，它的 V 面投影 m' 确定了圆球正面投影的范围，它是圆球前半部分和后半部分的分界，其 H 面的投影与圆的水平中心线重合，W 面投影与圆的铅垂中心线重合，其他两个最大圆 N 和 P 的情况相类似。在主视图中以 m' 为界，前半球为可见，后半球为不可见；在俯视图中以 n 为界，上半球为可见，下半球为不可见；在左视图中以 p″ 为界，左半球为可见，右半球为不可见。

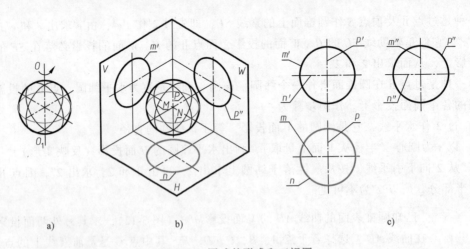

a)　　　　　　b)　　　　　　c)

图 3-13　圆球的形成和三视图

（2）圆球表面取点、取线　如图 3-14 所示，已知球面上的点 Ⅰ、Ⅱ、Ⅲ 的 V 面投影 1'、2'、3'，求其他两面投影。因 1' 可见，且在最大正平圆上，故 H 面投影应落在水平对称中心线上，W 面投影应落在铅垂对称中心线上；2' 为不可见，且在铅垂对称中心线上，故点 Ⅱ 在最大侧平圆的后半部分和下半部分，可由 2′先求出 2″，再求出 2（不可见）；3′为可见，且在水平对称中心线上，故点Ⅲ在最大水平圆的前半部分和右半部分，可先求 3，再求出 3″（不可见）。

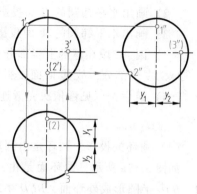

图 3-15a 所示为已知圆球面上一般点 K 的 V 面投影 k′，求另外两面投影的方法——即作过点 K 的纬圆。由于通过球心的直线都可以看作球的轴线，因此在这里作与铅垂轴线垂直的水平纬圆。过 k′作水平线，与最大正平圆的 V 面投影交于点 1′、2′，以 1′2′为直径在俯视图上作水平圆，则点 K 的 H 面投影必在此纬圆上，由 k、k′求出 k″，因 K 在球面的左、上方，故其 H 面和 W 面的投影都为可见。也可以用过点 K 的正平纬圆或侧平纬圆作图，如图 3-15b、c 所示。

图 3-14 圆球表面取点

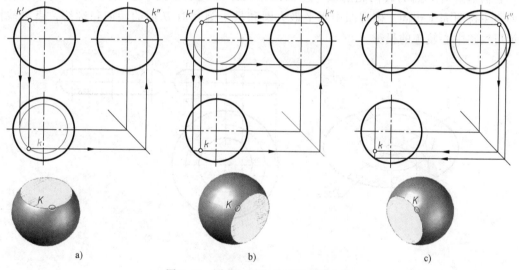

a)   b)   c)

图 3-15 圆球面取点的三种作图方法

例 3-4 已知圆球表面的曲线 AD 的 V 面投影 a′d′，求其另外两面投影（图 3-16）。

分析 在曲线 AD 上，选若干点 A、B、C、D，其中点 B、C 为特殊位置点，点 B 在最大侧平圆上，点 C 在最大水平圆上，其另外两面投影可直接求出。点 A 和 D 为一般位置点，需作纬圆求解。

作图步骤 如图 3-16 所示。

1）过 a′和 d′分别作水平线，与最大正平圆的 V 面投影相交，此为水平纬圆的 V 面投影。

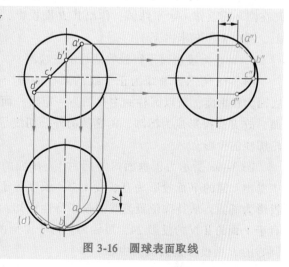

图 3-16 圆球表面取线

2) 画出水平纬圆的 H 面投影，求出 a 和 d。

3) 画出水平纬圆的 W 面投影，由 a 和 a′ 求出 a″，由 d 和 d′ 求出 d″。

4) 因 AC 段在球的上半部分，故其 H 面投影 abc 为可见，cd 为不可见；又因 BD 段在球的左半部分，故其 W 面投影 b″c″d″ 为可见，而 a″b″ 为不可见。

5) 最后按可见性依次光滑连接各点的同面投影，即得曲线 AD 的投影。

4. 圆环

（1）圆环的投影　圆环是由圆环面围成的。

如图 3-17a 所示，圆环面是由一圆母线，绕与它共面但不过圆心的轴线回转一周形成的。BAD 半圆形成外环面，BCD 半圆形成内环面。图 3-17b 所示为轴线垂直于水平面的圆环的三视图。主视图中左、右两个圆，表示最左、最右素线圆的投影，且外环面轮廓素线的半圆为实线，内环面轮廓素线的半圆为虚线；上、下两条公切线是最高、最低两个纬圆的投影，它们都是对 V 面的转向轮廓线。左视图中两个圆代表最前、最后两个素线圆的投影，图形与主视图完全相同。俯视图中水平最大圆和最小圆是对 H 面的转向轮廓线，点画线圆表示母线圆中心轨迹的投影。

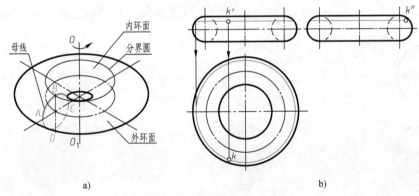

图 3-17　圆环的形成和三视图

（2）圆环表面取点　图 3-17b 所示为已知点 K 的 V 面投影 k′，求 k 和 k″的作图方法。过 K 在圆环面上作一水平纬圆，作出其 H 面投影，k 在此圆周上，因 k′ 可见，故点 K 在外环面上，再由 k 和 k′ 求出 k″。

5. 轴线为投影面平行线的圆柱的三视图

图 3-18 所示为轴线为正平线的圆柱的两个视图。由于两个底面为正垂面，所以圆柱的主视图为一矩形，而底圆倾斜于水平面，故 H 面投影成为椭圆，两椭圆的外公切线是圆柱的水平转向轮廓线的投影。

图 3-19a 所示为正垂面内的圆对 V、H 面的投影情况。从图中看出：圆的 V 面投影为直线段 1′3′，长度等于圆的直径；H 面投影为椭圆，从特殊位置直线的投影特性可知：椭圆的长轴为垂直于 V 面的 II IV 的投影 24，短轴为平行于 V 面的 I III 的投影 13。圆心的 H 面投影是椭圆的中心。

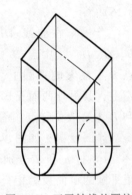

图 3-18　正平轴线的圆柱

具体作图方法如图 3-19b 所示：先从 V 面投影中点 O' 向下引铅垂线，在适当位置截取等于 V 面投影 1′3′线段作为椭圆的长轴 24，再通过长轴中点——椭圆的中心作水平线，从 V 面投影的两个端点 1′3′"长对正"下来，就得到短轴 13。根据长短轴即可以画出椭圆。

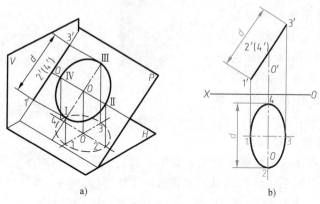

图 3-19　正垂面内圆的投影

W 面投影的画法与 H 面投影相似，建议读者自己完成。

3.2　平面与立体相交

在零件表面常常可见到平面与立体表面或立体与立体相交产生的各种交线，如图3-20a、b、c 所示。

平面与立体表面的交线称为截交线。立体与立体表面的交线称为相贯线。画图时必须将交线的投影正确画出，才能将零件的形状表达完整。

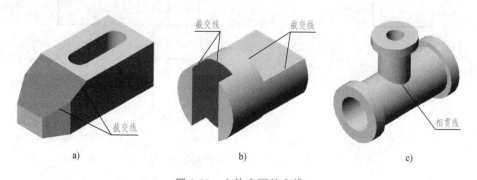

图 3-20　立体表面的交线

3.2.1　平面与平面立体相交

如图 3-20a、b 所示。平面与平面立体的截交线是由直线段组成的平面多边形，多边形的各边是截平面与立体表面的交线，多边形的顶点是相关棱（或边）与截平面的交点。截交线既在立体表面上，又在截平面上，是截平面与立体表面的共有线，各顶点则是截平面与立体表面的共有点。因此，求截交线的方法就可归结为求截平面与棱（或边）的交点；或求截平面与立体相关表面的交线。

例 3-5 试作出图 3-21b 所示被正垂面 P 所截正五棱柱的三视图，并求截断面实形。

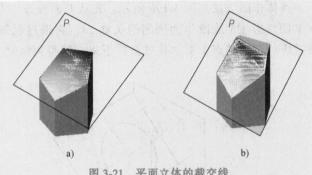

a)

b)

图 3-21 平面立体的截交线

分析 因为截平面与棱线相交得交点，与顶面相交得交线，故可知截交线为五边形，而截平面为正垂面，那么截交线的 V 面投影已知，只需求各顶点的 H 面和 W 面的投影。

作图步骤 如图 3-22 所示。

1）画出未切前正五棱柱的三视图，如图 3-22a 中双点画线所示。

2）按顺序标出正五棱柱各顶点的 V 面投影 1′、2′、3′、4′、5′。

3）按从属性分别求出 1、2、3、4、5 和 1″、2″、3″、4″、5″。

4）将各点的同面投影依次相连，分别得到相类似的五边形。

5）去掉不存在的轮廓，按可见性加深剩余轮廓，完成截切后立体的三视图。

6）求断面实形，只需将各点进行一次换面，结果如图 3-22b 所示。

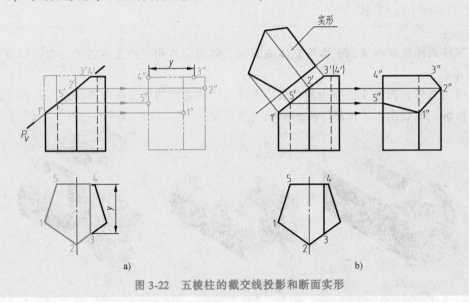

a)

b)

图 3-22 五棱柱的截交线投影和断面实形

例 3-6 已知缺口三棱锥的主视图（图 3-23a），补画它的俯、左视图。

分析 从主视图可以看出，缺口是由一个正垂面和一个水平面切割而成的，双点画线表示棱柱未切前左棱线的一段。由于两个截平面都与左棱线 SA 相交产生交点，同时两截平面本身相交，又都与 V 面垂直，所以交线为正垂线。可以想象正垂截面形状为三角形，水平截面的形状也为三角形。

作图步骤 如图 3-23 所示。

1）按三棱锥棱线朝左，前后对称，补画未切时的俯、左视图。

2）由于两截平面的 V 面投影已知，因此两组截交线的各顶点 1′、2′、3′和 4′、2′、

3'分别重合于各自截面的 *V* 面投影上，2'3'为两截面的共有线。

3）分别求出各顶点的 *H* 面和 *W* 面投影，Ⅰ点、Ⅳ点从属于棱线 *SA*，而Ⅱ点从属于棱面 *SAB*，Ⅲ点从属于棱面 *SAC*，需要在棱面 *SAB*、*SAC* 内作辅助线（作图同图 3-4）。

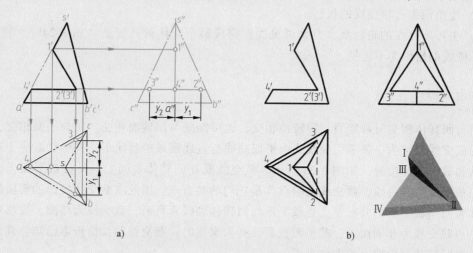

图 3-23　画缺口三棱锥的俯视图和左视图

4）顺次连接两组截交线的各顶点的同面投影。

5）加深切割后三棱锥的剩余轮廓及交线，其中交线 23 的 *H* 面投影为不可见，结果如图 3-23b 所示。

例 3-7　已知具有四棱柱穿孔的三棱柱的主视图和俯视图（图 3-24a），完成左视图。

分析　三棱柱的两侧棱面为铅垂面，另一棱面为正平面，当四棱柱孔的四个棱面从前穿到后时，分别产生两组孔口交线 *M*、*N*（图 3-24c），由于 *H* 面和 *W* 面投影有积聚性，因此交线 *N* 的 *H* 面、*W* 面投影无需另画，只需求交线 *M* 的投影。

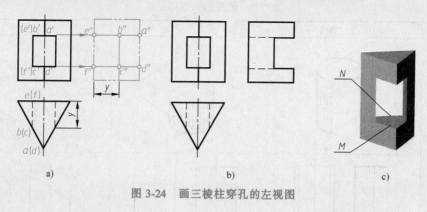

图 3-24　画三棱柱穿孔的左视图

作图步骤　如图 3-24 所示。

1）按三棱柱所放位置，补画原形的左视图。

2）由于四棱柱孔的四个棱面 *V* 面投影都有积聚性，因此交线上各顶点的 *V* 面投影

a'、b'、c'、d'、e'、f'可直接标出。

3) A、D 从属最前棱线，BC 从属于左棱面，EF 从属于正平棱面，求出各点的 H 面、W 面投影，同理可求出右棱面交线各点投影。

4) 连出两组孔口交线的投影。

5) 去掉不存在的轮廓线，判别可见性，完成整个立体的三视图（图 3-24b）。注意通孔各棱线的投影为不可见。

3.2.2 平面与回转体相交

平面与回转体相交时可能只与回转面相交，也可能既与回转面相交，又与平面相交，因此产生的截交线通常为一条平面曲线或由平面曲线与直线围成的封闭形，其形状取决于回转体的形状和截平面的位置，如图 3-25 所示。截交线既在回转体表面上，又在截平面上，为回转体与截平面的共有线，截交线上的点都是它们的共有点，因此求截交线投影的实质就是求回转体表面与截平面的共有点。当截平面与回转体轴线垂直时，截交线为纬圆，投影可直接求出；当截交线为非圆曲线，截平面投影又有积聚性时，截交线的该面投影已知，其他投影可利用在回转体表面取点的方法求得。

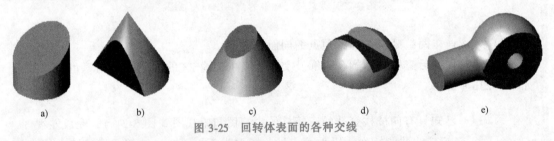

a)　　　　　b)　　　　　c)　　　　　d)　　　　　e)

图 3-25　回转体表面的各种交线

1. 平面与圆柱相交

根据截平面与轴线的相对位置不同，截交线有三种情况——矩形、圆、椭圆，见表 3-1。

表 3-1　圆柱面的各种交线

截平面	平行于轴线	垂直于轴线	倾斜于轴线
立体图			
投影图			

图 3-26 所示为求平面与圆柱截交线的一般方法和步骤。

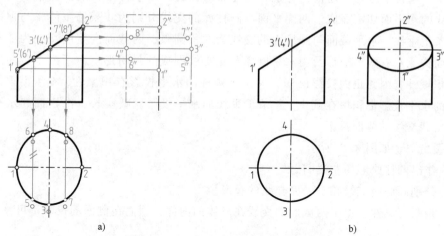

a)   b)

图 3-26 平面与圆柱截交线的投影作图

1）先求截交线上的特殊点，就是控制截交线形状和范围的极限点（最高、最低、最前、最后、最左、最右）及转向轮廓线上的点，如图 3-26a 中所示的 Ⅰ、Ⅱ、Ⅲ、Ⅳ点（也是椭圆长短轴的端点）。

2）作若干一般点：为了使作图准确，必须作出若干一般共有点的投影，如图 3-26a 所示，对称地取了 5′、6′、7′、8′四个点，俯视图上 5、6、7、8 落在圆柱面有积聚性的投影上，然后利用圆柱面取点作出 5″、6″、7″、8″。

3）最后将各点的同面投影顺次光滑连接，即为截交线的各面投影，如图 3-26b 所示。

例 3-8 补全圆柱被平面截割后的俯视图和左视图（图 3-27a）。

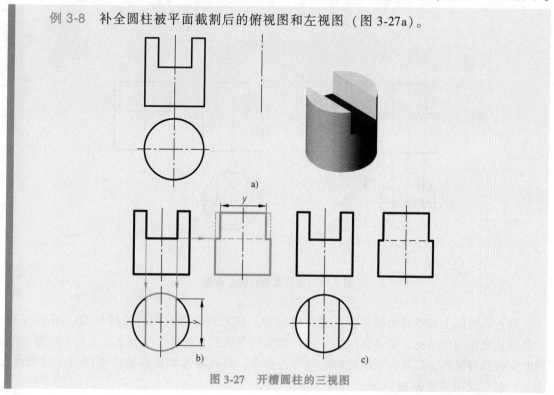

a)

b)   c)

图 3-27 开槽圆柱的三视图

分析　圆柱上方开一通槽，分别是由左右对称的两个平行于轴线的侧平面和一个垂直于轴线的水平面切割而成。两侧平面与圆柱面的交线分别为4条铅垂线，与顶面的交线为2条正垂线，水平截面与圆柱面的交线为两段圆弧，两截面产生的交线为2条正垂线，从而构成左右两个矩形及由水平圆弧与正垂线围成的封闭形。由于三个截面的正面投影有积聚性，因此正面投影已知；又由于圆柱的水平投影有积聚性，4条铅垂线和两段圆弧的水平投影都积聚在圆上，4条正垂线的水平投影反映实长，由正面和水平投影便可求出截交线的侧面投影。

作图步骤　如图3-27所示。

1）作出圆柱原形的左视图。

2）分别画侧面交线和水平面交线的投影。

3）判断可见性，由于两截面的交线在形体的内部，因而在侧面的投影不可见。

如图3-28所示的圆柱截割体也是由两个侧平面和一个水平面切割而成，但形状却与上例不同，读者可按照前述的方法自行分析交线的求法。

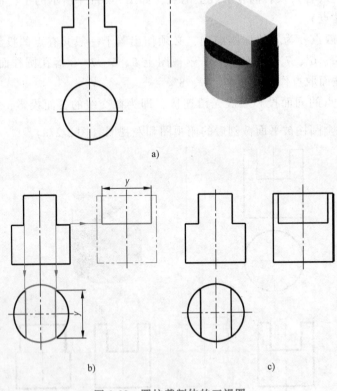

图3-28　圆柱截割体的三视图

圆柱或圆筒上切槽是机械零件上常见的结构，应熟练掌握它们的投影作图。图3-29所示是圆筒被切割的情况，截平面与内外圆柱面均有交线，分析与作图与上述类似，但要注意判断交线的可见性，以及左视图转向轮廓是否存在，另外要注意圆筒的中空部分不应画线。完成后的三视图如图3-29所示。

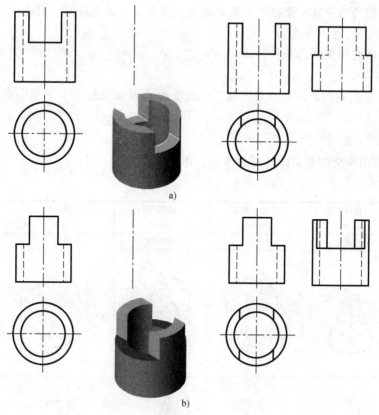

图 3-29 切槽与切割圆筒的三视图

例 3-9 补全触头上截交线的水平投影（图 3-30）。

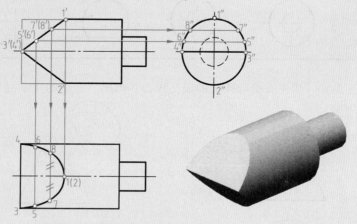

图 3-30 画触头截交线的水平投影

分析 先分析截交线的形状，按图中所示的位置，触头的轴线是侧垂线，原形为同轴的大小两个圆柱面，左边的大圆柱用上下相交的两正垂面截切，形成的截交线为上下对称的半个椭圆。

作图步骤 如图 3-30 所示。

1）在已知的截交线 V 面投影上取共有点，其中 1′、2′为最高、最低点，3′、4′为最左点，5′、6′、7′、8′为一般点。

2）由侧面有积聚性的投影，求出 1″、2″、3″、4″、5″、6″、7″、8″，进而表面取点，求出 1、2、3、4、5、6、7、8。

3）将各点 H 面投影依次光滑连接，完成交线的 H 面投影，上下半个椭圆的 H 面投影重合。

2. 平面与圆锥相交

平面与圆锥面相交的截交线有五种情况，详见表 3-2。

表 3-2　圆锥面的各种交线

截平面位置	与轴线垂直 $\theta = 90°$	与轴线倾斜 $\theta > \alpha$	与轴线平行 $\theta < \alpha$	与素线平行 $\theta = \alpha$	过锥顶
截交线	圆	椭圆	双曲线	抛物线	相交两直线
立体图					
投影图					

例 3-10　求正垂面与圆锥的截交线，并画出斜截面的实形（图 3-31a）。

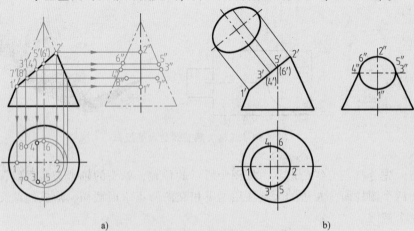

a)　　　　　　　　　　　　　b)

图 3-31　正垂面与圆锥截交线的投影作图

分析 截平面与轴线倾斜，且 $\theta > \alpha$，截交线应为椭圆。因截平面为正垂面，故该椭圆的 H 面和 W 面的投影仍应为椭圆。

作图步骤 如图 3-31 所示。

1）在截平面有积聚性的 V 面投影上，标出特殊点 $1'$、$2'$、$3'$、$4'$、$5'$、$6'$，其中 $1'$、$2'$ 为长轴端点，$3'$、$4'$ 为短轴端点（注意它们应在 $1'2'$ 的中点处），$5'$、$6'$ 为转向轮廓线上的点，$7'$、$8'$ 为一般点。

2）用圆锥表面取点求出各点的 H 面和 W 面投影。

3）将各点的同面投影按顺序连接，即得截交线的 H 面和 W 面投影。

4）将各点经过一次变换，得斜截面实形，结果如图 3-31b 所示。

例 3-11 求作圆锥被正垂面 R、水平面 Q 和侧平面 P 所截得的立体（图 3-32a）的俯、左视图。

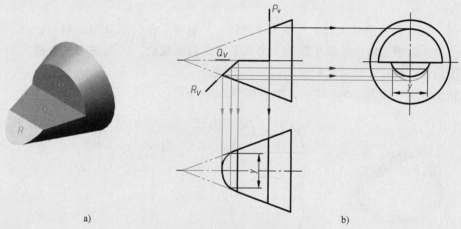

图 3-32 圆锥截断体的投影作图

根据圆锥的主视图，可知圆锥轴线为侧垂，R 面与轴线倾斜，交线为椭圆；Q 面过锥顶，交线为两条素线；P 面与轴线垂直，交线为圆。截平面两两相交成直线，均为正垂线。

作图过程略。结果如图 3-32b 所示。

3. 平面与圆球相交

平面与圆球相交其截交线任何时候都是圆。

例 3-12 图 3-33a 所示为正垂面与圆球相交，求截交线的 H 面和 W 面投影。

分析 由于截平面为正垂面，因此截交线为正垂圆，其 H 面、W 面投影应为椭圆。

作图步骤 如图 3-33 所示。

1）求特殊点。先在 V 面投影中标出最左、最右点 $1'$、$2'$，最前、最后点 $3'$、$4'$（应在 $1'2'$ 中点处），同时它们又是 H 面、W 面投影椭圆的短长轴的端点。对称地标出转向轮廓线上的点 $5'$、$6'$、$7'$、$8'$。

2）求若干一般点。利用圆球表面取点法，图中用水平纬圆作图，过程如图 3-33a 所示。

3）将各点按顺序光滑连接，并加深交线和轮廓，结果如图 3-33b 所示。

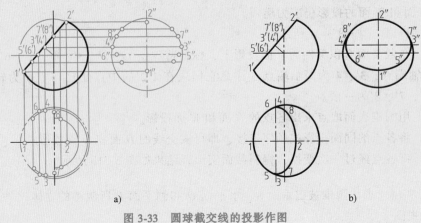

图 3-33　圆球截交线的投影作图

例 3-13　已知半球上开矩形槽的主视图，完成俯、左视图（图 3-34a）。

分析　该槽是由两组侧平面和一个水平面切割而成的，产生的交线分别为侧平圆弧和水平圆弧，半径可以从有积聚性的投影量取。

作图步骤　如图 3-34b 所示，结果如图 3-34c 所示。

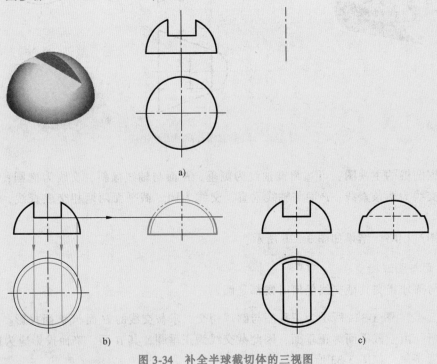

图 3-34　补全半球截切体的三视图

实际零件上往往能见到一些复杂的交线，是由截平面与组合回转体相交产生的，这种交线的求法，需要将组合的立体分解成若干单个回转体，再逐条求出。下面举例说明。

例 3-14　完成顶尖立体截切后的 *H* 面投影。（图 3-35）

分析　根据正面投影、侧面投影的轮廓，可知顶尖从左到右依次由同轴的圆锥、小

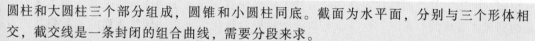

圆柱和大圆柱三个部分组成，圆锥和小圆柱同底。截面为水平面，分别与三个形体相交，截交线是一条封闭的组合曲线，需要分段来求。

作图步骤 如图 3-35a 所示。

1）首先分离圆锥、小圆柱和大圆柱，界线分别为圆锥和小圆柱底圆，小圆柱和大圆柱的底圆。

2）截平面与圆锥的交线为水平双曲线，则 H 面投影反映实形。利用圆锥面取点（纬圆法），由 W 面 a''、b''、c''、d''、e''得到 a、b、c、d、e（其中 A、B、C 为特殊点）。

3）截平面与小圆柱的交线为水平矩形，由 W 面 b''、c''根据宽相等求得 b、c，过 b、c 引侧垂线，作出 bf 和 cg。

4）截面与大圆柱的交线也为水平矩形，同理由 W 面 h''、$(i)''$求得 h、i，过 h、i 引侧垂线，交大圆柱底圆于 j、k。

5）将 a、d、b、f、h、j、k、i、g、c、e 各点依次顺序连成一个封闭的图形。

最后按可见性，补全加深整个立体的投影轮廓。结果如图 3-35b 所示。

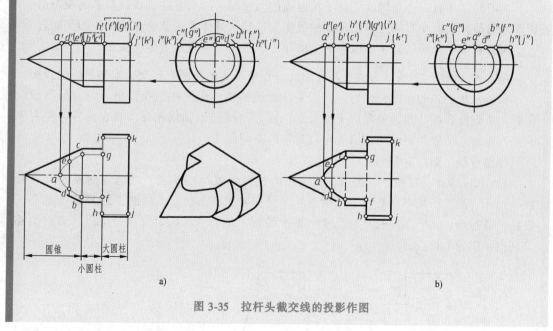

图 3-35 拉杆头截交线的投影作图

3.3 两立体相交

复杂零件往往是由两个或两个以上的立体组成，两立体表面的相交线称为相贯线，如图 3-36 所示。因为立体分为平面立体和曲面立体，所以相贯线又有三种情况：

1）平面立体与平面立体相交，如图 3-36a 所示。

2）平面立体与曲面立体相交，如图 3-36b 所示。

3）曲面立体与曲面立体相交，如图 3-36c 所示。

下面主要讨论两回转体相贯线的求法。

相贯线一般是一条封闭的空间曲线，其形状取决于回转体的形状、大小和两回转体的相对位置。由于它是两回转体表面的共有线，因而相贯线同属于两回转体表面，相贯线上的点是两回转体表面的共有点。这样求相贯线的投影就转化为求两回转体表面的一系列共有点的投影。

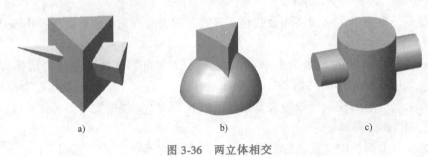

a)   b)   c)

图 3-36   两立体相交

3.3.1   利用表面取点法求相贯线

当两回转体中有一个是轴线垂直于投影面的圆柱时，那么它在轴线所垂直的投影面上的投影积聚为圆，因而相贯线在该投影面的投影为已知。具体方法就是在该面投影上取若干共有点，再分别按照两回转体表面取点的方法作图，求出这些点的其他面投影。

例 3-15   图 3-37 所示为轴线垂直相交、直径不等的两圆柱相交，求相贯线的投影。

分析   从已知的视图轮廓看出，大圆柱轴线侧垂，小圆柱轴线铅垂，因而相贯线的 H 面、W 面投影都已知，只需求 V 面投影。因为两回转体轴线相交，具有前后、左右的公共对称面，所以相贯线为前后、左右对称的空间曲线。

作图步骤   如图 3-37 所示。

1）求特殊点。与截交线类似，相贯线的特殊点就是控制相贯线范围的极限点（最高、最低、最左、最右、最前、最后点）及转向轮廓线上的点，如图 3-37 所示 Ⅰ、Ⅱ 为最左、最右点，同时又是最高点；Ⅲ、Ⅳ 为最前、最后点，同时又是最低点，且它们都是转向轮廓线上的点。

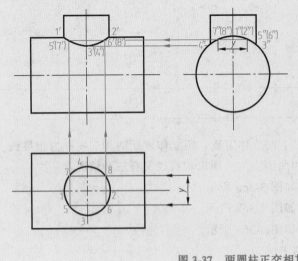
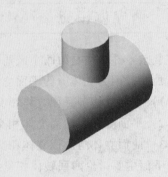

图 3-37   两圆柱正交相贯

2）求若干一般点。在 W 面投影中先取 5″、6″、7″、8″（或在 H 面投影上取 5、6、7、8），按点的对应关系求出 5′、6′、7′、8′。

3）按顺序光滑连接各点的 V 面投影，即完成作图，相贯线以 1′、2′ 为界前后重合。

圆柱与圆柱相交，形式不仅表现为外表面与外表面相交，还可以表现为内、外表面相交（穿孔）或两内表面相交（孔与孔相交），相贯线的形式和求法与上例完全相同，如图 3-38 所示。

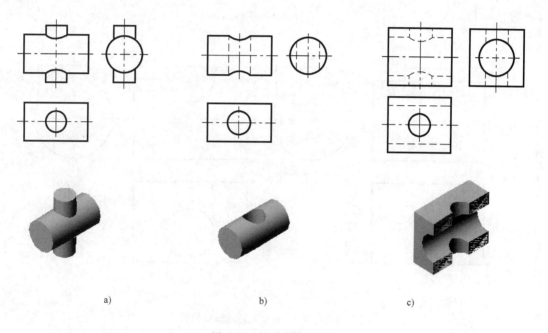

a) b) c)

图 3-38 相贯线的形式
a）两实心圆柱相交 b）圆柱孔与实心圆柱相交 c）两圆柱孔相交

例 3-16 将上例中铅垂小圆柱前移一段，如图 3-39a 所示，求相贯线的投影。

分析 可知相贯线左右依然对称，但前后没有公共对称面。

作图步骤 如图 3-39b、c 所示。

1）在 W 面投影上，标出最低点 1″，最高点 3″、4″，最左、最右点 5″、6″ 和转向轮廓线上的点 2″。

2）按对应关系求出 1、2、3、4、5、6，进而求出 1′、2′、3′、4′、5′、6′。

3）求一般点的 V 面投影，如 7′、8′（利用两圆柱表面取点），如图 3-39b 所示。

4）依次光滑连接各点的 V 面投影。

5）判别可见性，加深，如图 3-39c 所示。这里应注意 V 面投影圈出部位的可见性，因小圆柱的对称面在大圆柱之前，只有公共可见的部分为可见，所以在小圆柱最左、最右素线后的相贯线和轮廓线均不可见。

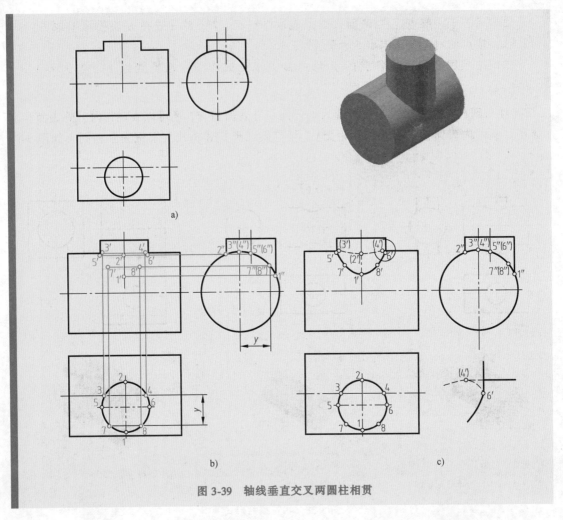

图3-39 轴线垂直交叉两圆柱相贯

3.3.2 利用辅助平面法求相贯线

1. 作图原理

图3-40所示为圆柱与圆锥正交，为了求共有点，假想用一个辅助平面 P 截切两回转体，可知截平面与圆柱的交线为两侧垂素线 L_1、L_3，与圆锥的交线为水平纬圆 L_2，它们相交于 Ⅰ、Ⅱ 两点，这两点既在圆柱面上，又在圆锥面上，同时还在平面 P 上，构成三面共点。照此方法，用辅助平面每截切一次，可得到两回转体截交线上的一组交点，就可求出相贯线上的一系列共有点。

2. 辅助平面的选择原则

1）为了使作图简便，截交线的投影容易作图，交线形式最好为直线与圆、直线与直线或圆与圆，因此应选择投影面平行面和投影面垂直面。

2）截平面应取在两回转体相交的范围内，否则得不到交点。

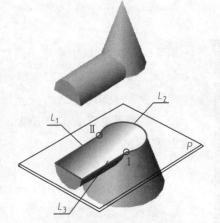

图3-40 辅助平面法作图原理

例 3-17 完成如图 3-40 所示圆柱与圆锥的相贯线投影。

分析 相贯线为前后对称的空间曲线。因圆柱的 W 面投影有积聚性，故相贯线的 W 面投影已知，其 H 面、V 面的投影没有积聚性。下面用辅助平面法求解。

选择辅助面：对圆柱可选择的辅助面有水平面、正平面和侧平面；对圆锥可选择的辅助面有水平面和过锥顶的正垂面、侧垂面；对两回转体都适用的辅助面只有水平面和过锥顶的正垂面、侧垂面。在此题中选择水平面为辅助面。

作图步骤 如图 3-41 所示。

1）求特殊点（图 3-41a）。由左视图可知 1″为最高点，2″为最低点，3″、4″为转向轮廓上的点。由 1″、2″和 1′、2′求出其 H 面投影 1、2；过 3″、4″作水平面 Q，Q 面与圆锥交线的水平投影为圆，与圆柱交线为水平转向轮廓线，先求出它们的 H 面投影，得交点 3、4，再投影于辅助面的 V 面投影，得 3′、4′。

2）求一般点（图 3-41a）。同理在特殊点中间适当位置过 5″、6″、7″、8″作水平面 P、R，先求 5、6、7、8，再求出 5′、6′、7′、8′。

3）判别可见性，光滑连接各点同面投影，并加深，结果如图 3-41b 所示。相贯线 V 面投影以 1′、2′为界前后重合，H 面投影以 3、4 点为界，右边可见，左边不可见。

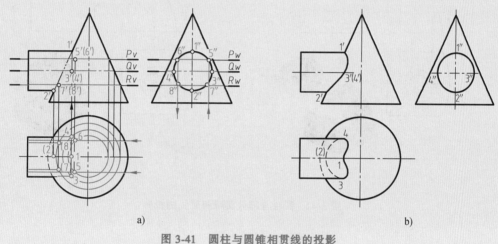

a) b)

图 3-41 圆柱与圆锥相贯线的投影

例 3-18 求图 3-42a 所示圆台与部分圆球相贯的投影。

分析 圆台轴线不通过球心，但与球面具有前后公共对称面，故相贯线前后对称。由于圆台三个投影均无积聚性，因此必须用辅助平面法作图。

选择辅助面：适用的有水平面和过锥顶的正平面、侧平面。

作图步骤 如图 3-42 所示。

1）求特殊点（图 3-42b）。从正面转向轮廓线交点 1′、2′，求出 1、2 和 1″、2″，它们是最低、最高点；为了作出圆台对侧面的转向线上的共有点，包含这两条转向线作侧平面 P，平面 P 与球面的截交线是圆弧，圆弧与两条转向线的 W 面投影交于 3″、4″，然后再求出 3′、4′和 3、4。

2）求一般点（图 3-42c）。在Ⅰ、Ⅱ、Ⅲ、Ⅳ之间选作一些水平面，例如 Q，作出

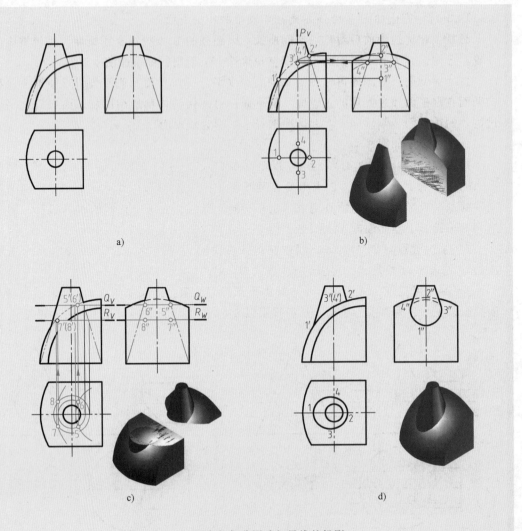

图 3-42　圆台与部分圆球相贯线的投影

它与圆台、圆球的交线的水平投影，求出两圆的交点 5、6；同理作出 k 与圆台、圆球交线的交点 7、8；然后分别投影到该截平面的 V 面、W 面的投影上，即可求得 $5'$、$6'$、$7'$、$8'$ 和 $5''$、$6''$、$7''$、$8''$。

3）依次连接各点的同面投影，判别可见性，加深相贯线和轮廓线，结果如图 3-42d 所示。

3.3.3　相贯线的特殊情况

两相交回转体的相贯线一般是封闭的空间曲线，但在某些特殊情况下，相贯线可以是平面曲线或直线，下面介绍几种常见的特殊情况。

1）两回转体公切于一球体时，相贯线为两个椭圆。其投影如图 3-43 所示。

2）两同轴回转体相交，相贯线为垂直于轴线的圆。其投影如图 3-44 所示。

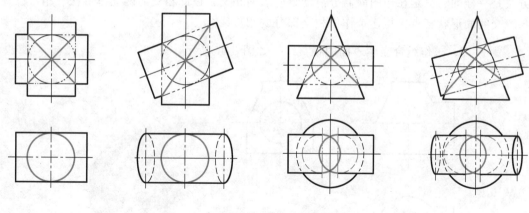

图 3-43 两回转体公切于球体时的相贯线

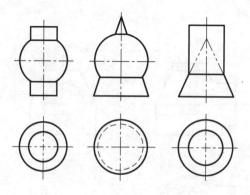

图 3-44 同轴回转体的相贯线

3）两平行轴线的圆柱相交及共锥顶两圆锥相交，其相贯线为直线。其投影如图 3-45 所示。

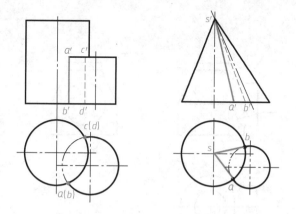

图 3-45 两平行轴线圆柱及共锥顶两圆锥相交的相贯线

3.3.4 相贯线的综合应用分析

前面介绍了两个回转体相交时，相贯线的各种情况和作图方法，而实际机件还可能遇到三个或两个以上的立体表面的相交等情况。此时的相贯线不止一条，但作图方法与前面所讲的方法是一样的，只是在作图前需分清楚哪些表面相交，彼此相交的两立体形状、相对位置及各段交线的形状特点，再逐个作出相交部分的相贯线。

例 3-19　求作组合立体表面的相贯线，如图 3-46 所示。

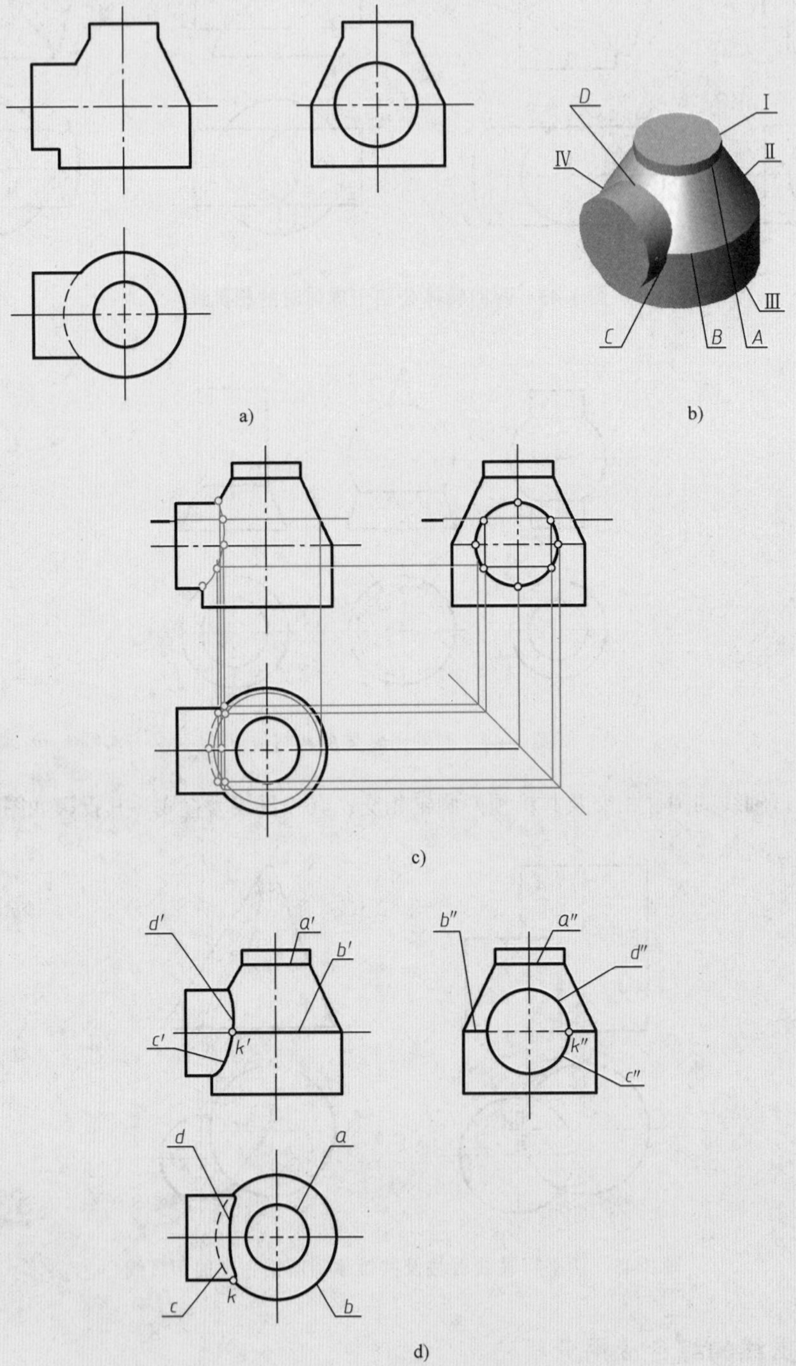

a)

b)

c)

d)

图 3-46　组合立体相贯线

a) 已知条件　b) 立体图　c) 各段相贯线作图过程　d) 作图结果

分析 如图 3-46b 所示，该立体是由圆柱Ⅰ、Ⅲ、Ⅳ和圆台Ⅱ组合而成的立体。其中Ⅰ、Ⅱ同轴相贯，交线为圆 A；Ⅱ、Ⅲ同轴相贯，交线为圆 B；Ⅳ与Ⅱ、Ⅲ分别相交，相贯线为两段空间曲线，即Ⅳ的上半部分与Ⅱ相交，相贯线为 D，下半部分与Ⅲ相交，相贯线为 C，因Ⅳ、Ⅱ、Ⅲ具有前后公共对称面，故 C、D 前后对称；同时 B、C、D 三线共点。在投影无积聚性的各投影面需分别作出上述各段相贯线的投影。

作图步骤 如图 3-46c 所示。

1）求Ⅰ、Ⅱ的相贯线 A。因Ⅰ、Ⅱ的轴线为铅垂线，故 A 为水平圆，正面投影 a' 和侧面投影 a'' 积聚成直线。

2）求Ⅱ、Ⅲ的相贯线 B。与 1）同理，B 的正面投影 b' 和侧面投影 b'' 也分别积聚成直线。

3）求Ⅱ、Ⅳ的相贯线 D。因Ⅳ的侧面投影 d'' 已知，根据表面取点法（或辅助平面法）即可求出正面投影 d' 和水平投影 d，过程如图 3-46c 所示。

4）求Ⅲ、Ⅳ的相贯线 C。因Ⅲ、Ⅳ两圆柱正交，故交线的水平投影 c 和侧面投影 c'' 有积聚性，只需要作正面投影 c'，可利用表面取点法作图，过程如图 3-46c 所示。

结果如图 3-46d 所示，值得注意的是作图完成后 B、C、D 应交于一点 K。

第 4 章

组　合　体

　　由若干基本几何体组合而成的复杂立体，称为组合体，它实际上就是零件的雏形。本章知识，具有承上启下的意义，是学好后续部分的基础。下面主要介绍绘制、阅读组合体视图的方法以及组合体的尺寸标注等内容。

4.1　概述

4.1.1　组合体的形成和表面关系

1. 组合体的组合方式

　　组合体是由完整或不完整基本几何体组合而成的形体，通常分为叠加、挖切或综合三种形式，如图 4-1 所示。

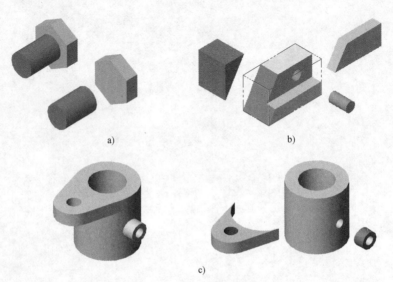

图 4-1　组合体的组合方式

a）叠加　b）挖切　c）综合

2. 组合体相邻表面的关系和画法

（1）平齐或不平齐 两立体叠加时相邻表面可能共面，也可能不共面，画法有所不同。如图 4-2a 所示为平齐的情况，结合处无界线；而 4-2b、c 所示为不平齐的情况，结合处均有界线。

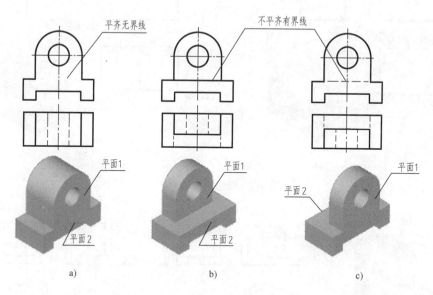

平齐无界线

不平齐有界线

平面1

平面2

a)

平面1

平面2

b)

平面1

平面2

c)

图 4-2 两表面共面的画法

a）平齐 b）不平齐 c）不平齐

（2）相切 两表面相接处为光滑过渡，不应画出切线的投影。具体有平面与曲面、曲面与曲面相切，如图 4-3 所示。特殊情况，当切线成为某个投射方向的转向轮廓线时，才能画出重合于该转向轮廓线的切线的投影，如图 4-4 所示。

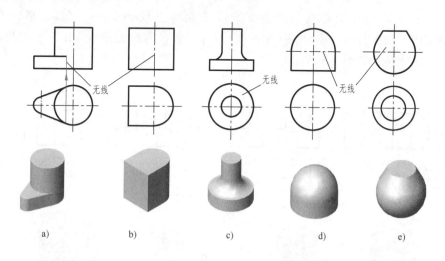

无线

无线

无线

a)

b)

c)

d)

e)

图 4-3 相切的画法

图 4-5 所示为一形体表面相切时的正误对比，请仔细分析它们的不同，以掌握其正确的画法。

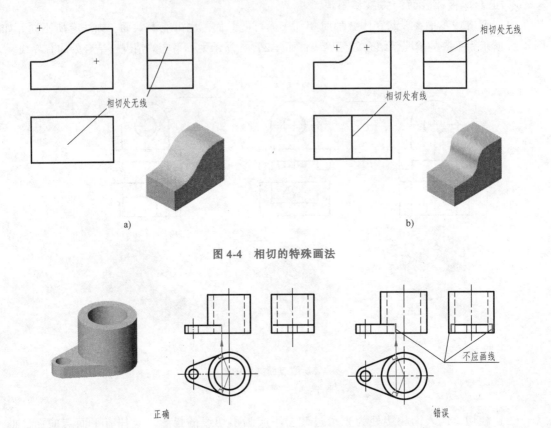

图 4-4 相切的特殊画法

图 4-5 表面相切的正误对比

（3）相交 表面相交必然会产生交线（平面与平面相交——直线，平面与曲面相交——截交线，曲面与曲面相交——相贯线）。应按各自的画法正确画出它们的投影，才能将组合体表达完整，如图 4-6 所示。

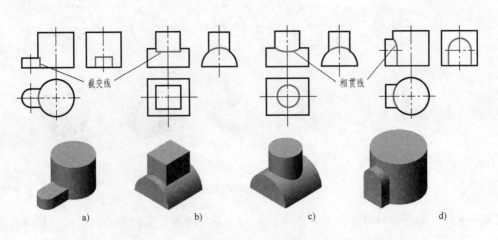

图 4-6 相交的画法

下面以图 4-7a 所示的顶尖组合体为例分析挖切立体的表面关系。挖切又可分为切割和穿孔两种方式，不论哪种方式，都会在组合体表面产生交线。从图 4-7a 所示的三视图轮廓可以看出，组合体是由同轴的圆锥和圆柱组成，左上角被水平面和侧平面切掉，产生了截交线。水平面截圆锥、圆柱，其交线为双曲线和侧垂素线，侧面投影有积聚性，水平投影反映实形；侧平面只与圆柱相交，其交线为侧平圆弧，侧面投影与圆柱的侧面投影重合，水平投影积聚成直线段；右侧圆柱分别开有铅垂方向的四棱柱通孔和正垂方向的圆柱通孔，产生的孔口交线应分别按截交线和相贯线求出，结果如图 4-7b 所示。

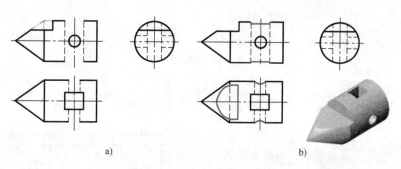

a)   b)

图 4-7　完成顶尖的三视图

4.1.2　形体分析法

按照组合体的形状特征将其分解为若干基本几何体或简单形体，分析其组合方式及相对位置的方法，称为形体分析法。

所谓简单形体，是指由基本形体经叠加、挖切等方式形成的简单立体（即组合体分解后的较大部分），如图 4-8 所示的简单形体。

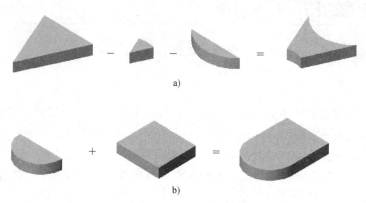

a)

b)

图 4-8　简单形体的形体分析

a）连接板的形成　b）U 形板的形成

图 4-9 所示为连杆组合体，可将其分解成大圆筒、小圆筒、连接板和肋板四个简单形体，组合方式为叠加，整个形体前后对称。连接板的前后侧面与大、小圆筒相切，下底面与大、小圆筒平齐；肋板的前后表面与大、小圆筒外表面相交。

图 4-10 所示的组合体，可认为是由长方体经四次挖切形成的。

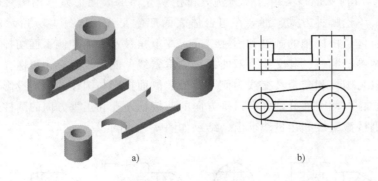

a)　　　　　　　　　　b)

图 4-9　连杆组合体

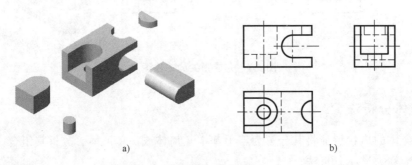

a)　　　　　　　　　　b)

图 4-10　组合体

4.2　组合体的画图

画组合体的三视图，一般按照以下步骤进行。

4.2.1　形体分析

首先分析组合体是由哪些简单形体组成，各部分的组合方式及它们的相对位置，进而明确形体各表面间的关系，对组合体的形状和特征有一个清楚的认识。

图 4-11a 所示的轴支座，可看作由底板、支承板、轴套、凸台和肋板五个简单形体组成。图 4-11b 所示的组合方式为叠加。其中支承板与底板的右端面平齐，与上表面相交；支承板的前后侧面与轴套的外表面相切；凸台的外表面与轴套外表面相交，内表面与轴套内表面相交，为两条相贯线；肋板与轴套、支承板、底板均有交线。

4.2.2　视图选择

先选主视图，一般遵循下列三条原则：

1）按自然稳定位置把组合体放正，一般将大平面作为底面。

2）以较好地反映组合体的各部分形状特征及它们的相对位置的方向作为主视方向。

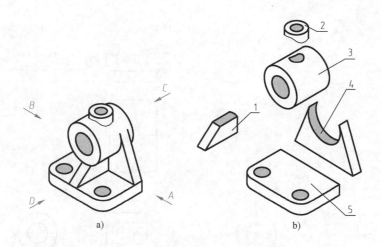

图 4-11 轴支座

a）立体图 b）形体分析

1—肋板 2—凸台 3—轴套 4—支承板 5—底板

3）使其他视图上的虚线尽可能少。

如图 4-11a 所示，将 A、B、C、D 四个方向进行比较，可看出：B、C 两方向都会使某个视图的虚线较多，不便于看图，因此不宜作为主视方向；D 方向虽然可以反映出各部分的形状特征，但形体各部分之间的相对位置不明了；另外考虑到方便布图等综合因素，应以 A 方向作为主视方向较为适宜。一旦确定了主视方向，其他视图的方向也即随之确定。

4.2.3 画图方法与步骤

现以图 4-11 所示轴支座为例说明画组合体三视图的具体方法和步骤。

1）形体分析：如前所述，将轴支座分解为五个简单形体，并分析它们的组合方式及相对位置。

2）选择主视图：以图 4-11a 中的 A 方向作为主视图的投射方向。

3）选比例、定图幅：根据组合体的大小和复杂程度，确定画图比例（尽量选 1 : 1）。由组合体长、宽、高三个方向的尺寸，估算三个视图所占的面积，并预留出视图与视图之间、视图与图框之间的距离，选择合适的图幅。

4）布置视图：根据视图的大小，画出各视图的作图基准（每个视图有两个方向的基准），一般为组合体的对称中心线、主要轮廓线或主要的回转轴线，以确定各视图的位置。

5）画底稿：按照形体分析，先画主要形体，后画次要形体；先画外形轮廓，后画内部细节；先画可见部分，后画不可见部分。注意要严格按照"长对正，高平齐，宽相等"的投影规律作图，每个形体的三个视图一起画，切忌画完一个视图，再画另外一个视图。如图 4-12a～e 所示。

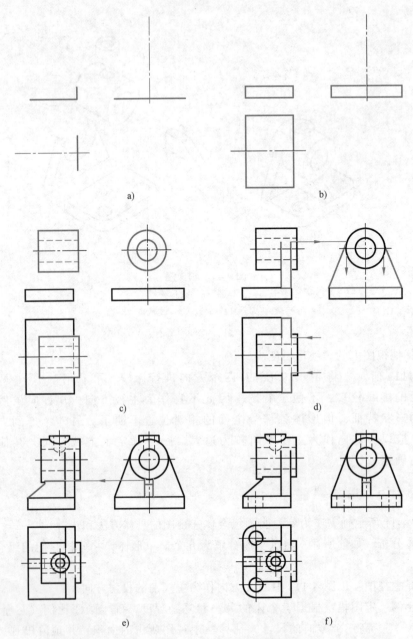

图 4-12 轴支座三视图的画图步骤

a) 画各视图的定位线　b) 画底板三视图　c) 画轴套三视图　d) 画支承板三视图

e) 画肋板、凸台三视图　f) 画细节，检查加深

6) 画细节，检查、加深，完成全图。如图 4-12f 所示。

4.3　组合体的读图

读组合体视图是画组合体视图的逆过程，即根据投影规律对给定的视图进行分析，最终想象出空间物体的形状和全貌。

4.3.1 读图的基本要领

1. 从反映形体特征的视图入手，将各个视图联系起来看

每个视图只能反映两个方向的尺寸，组合体的形状通常需要两个或两个以上的视图才能够表达清楚。看图时，需将几个视图结合起来想象形体的形状，切忌仅凭一个视图就下结论，一个视图是不能唯一确定组合体的形状的，如图 4-13a~f 所示。对于柱体应从最能反映其特征的视图入手，把握形状特点。

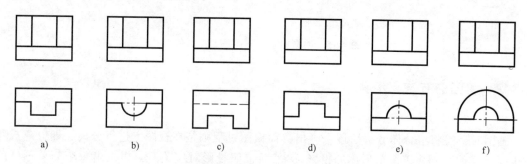

图 4-13　根据一个视图构思不同组合体的示例

2. 应明确视图中图线和线框的含义

分析如图 4-14a 中所示的线框Ⅰ、图 4-14b 中所示的线框Ⅱ、图 4-14c 中所示的线框Ⅲ，可知它们代表组合体上的表面（平面、曲面或组合曲面）。图线则可能代表平面有积聚性的投影或曲面转向轮廓线，也可能是表面交线的投影，如图 4-14a 中所示的 1′和 2，图 4-14b 中所示的 3，图 4-14c 中所示的 4。至于真正的含义，还需要将各视图对照起来看，才能下结论。

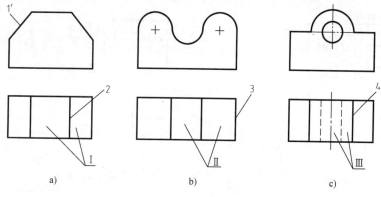

图 4-14　图线及线框的含义

3. 将想象的形体与给定视图反复对照

看图的过程就是将想象中的形体与给定视图反复对照的过程，或者说是不断修正想象中形体的思维过程。

如在想象如图 4-15a 所示的组合体时，可以根据给定的主、俯视图先想象成如图 4-15b、c 所示的样子，再根据差异逐步修正成如图 4-15d 所示的形状，直到与给定的主、俯视图相符。

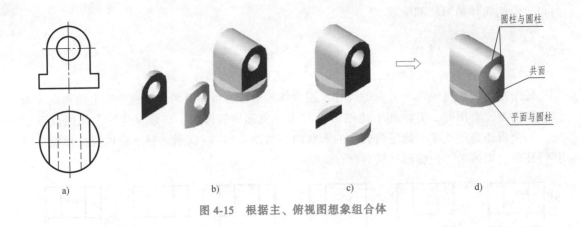

图 4-15　根据主、俯视图想象组合体

4.3.2　读图的方法和步骤

1. 形体分析法

画图时，是将组合体分解后逐个画出；而读图过程则是在视图上进行分离，即分离成几个线框（它们分别代表简单形体的投影），然后按照投影对应关系，想象出每个简单形体的形状，最后根据各部分的相对位置和组合关系，综合归纳想象出整体。

例 4-1　读懂如图 4-16 所示组合体的三视图。

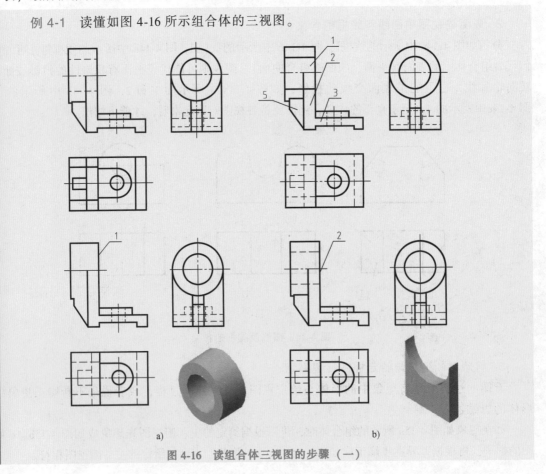

图 4-16　读组合体三视图的步骤（一）

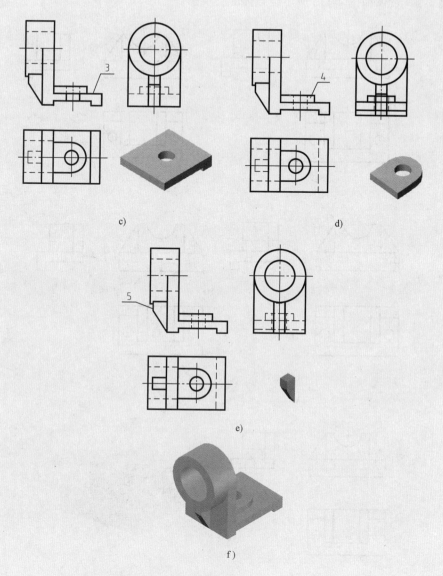

图 4-16　读组合体三视图的步骤（一）（续）

读图步骤

1）看视图，分线框：初步根据三视图的轮廓和对应关系，在表达组合体形状特征最明显的主视图上分离出五个线框，它们是五个完整的形体。

2）对投影，定形体：将这些线框的其他投影一一对应，确定出各简单形体的形状和位置，如图 4-16a～e 所示。

3）综合起来想整体：将简单形体按它们在组合体中的位置和组合方式组合起来，弄清表面关系，想象出整体形状，如图 4-16f 所示。

例 4-2 读懂如图 4-17a 所示组合体的三视图。

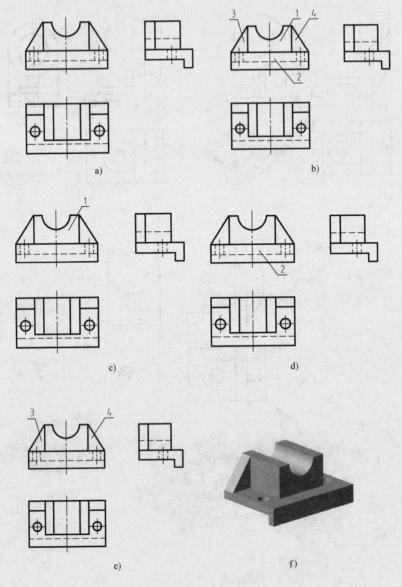

图 4-17 读组合体三视图的步骤（二）

读图步骤

1）看视图，分线框：根据各部分形状特征经初步分析，将该组合体分为四个部分，如图 4-17b 所示。

2）对投影，定形体：将这些线框的其他投影一一对应，确定出各部分的形状和位置，如图 4-17c～e 所示。

3）综合起来想整体：将各部分按它们在组合体中的位置和组合方式组合起来，弄清表面关系，想出整体形状，如图 4-17f 所示。

例 4-3 已知组合体的主、俯视图（图 4-18a），补画左视图。

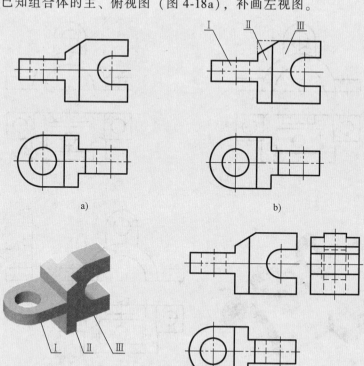

图 4-18 补画组合体的左视图（一）

分析 该组合体属于既有叠加又有挖切的综合方式组合。对叠加方式以形体分析为主，对挖切方式以线、面分析为主。

读图步骤

1）在反映组合体形状特征的主视图上分离出三个线框。

2）对投影，定形体：如图 4-18b 中所示形体Ⅰ为底面水平的 U 形柱，内部有一个同轴圆柱孔；形体Ⅱ、Ⅲ由切割形成，用恢复原形的方法，将形体Ⅱ看作是一个四棱柱；形体Ⅲ则可看作是由四棱柱经内部挖切掉正垂的 U 形柱而形成的。

3）综合起来想整体：可以先将形体Ⅱ、Ⅲ组合起来，它们的下底面平齐，左上角显然是由一个正垂面截切，交线的形状与俯视图的"凸"字形相对应，然后再与形体Ⅰ组合。因为形体Ⅰ的前后两个正平面与形体Ⅱ平齐，所以组合后并无界线，想象出的完整形状如图 4-18c 所示。

4）按高平齐、宽相等，完成组合体的左视图，如图 4-18d 所示。

例 4-4 已知组合体的主、俯视图（图 4-19a），补画左视图。

分析 由主、俯视图看出，该组合体主要是由叠加方式形成的，局部有挖切。

读图步骤

1）看视图，分线框：将主视图分为五个实线框。如图 4-19b 所示。

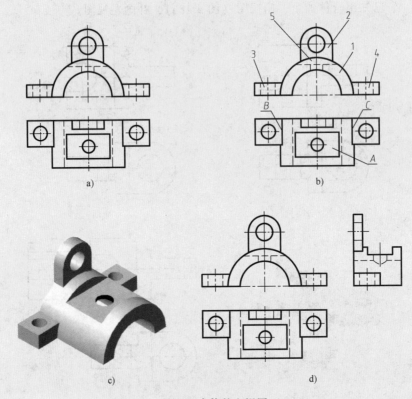

图 4-19　补画组合体的左视图（二）

2）对投影，定形体：分别想象出五个部分的形状。如图 4-19c 所示。

3）弄清细部：在正垂圆柱内的虚线说明其中有挖切。主视图中的虚线与俯视图中矩形相对应，可知为水平截面 A（槽底）与圆柱面的交线，同时铅垂方向有一个圆柱孔分别与水平截面 A 及圆柱内表面相交，B、C 则为左、右两块（3，4）上表面与圆柱面的交线。

4）综合起来想整体：将简单形体按它们的相对位置和关系组合后，想象出的整体形状如图 4-19c 所示。

5）按三视图的投影规律补画左视图。结果如图 4-19d 所示。

2. 线、面分析法

对于难以看懂的局部复杂线框和图线，往往要结合线、面的分析。下面从几个方面举例说明。

（1）分析表面的形状　当组合体被斜面截切时，应注意分析斜截面的形状和投影特征。如图 4-20 所示的几个组合体：图 4-20a 所示为断面呈 L 形的铅垂面；图 4-20b 所示为断面呈工字形的正垂面；图 4-20c 所示为断面呈凹字形侧垂面，斜截面在所垂直的投影面投影有积聚性，其他投影应为类似形；而图 4-20d 所示为一般位置面截切，断面呈四边形，在三视图中的投影也均为类似形。

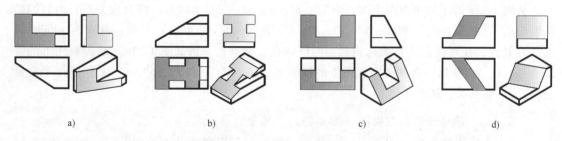

图 4-20　倾斜于投影面的截面的投影为类似形

（2）分析物体表面的交线　当视图上出现面与面的交线，尤其是曲面与曲面的交线时，应对交线的性质做出分析。通常要明确相交物体的原形，再运用投影原理，便能正确理解这些交线的由来和投影的特点，如图 4-21 所示。

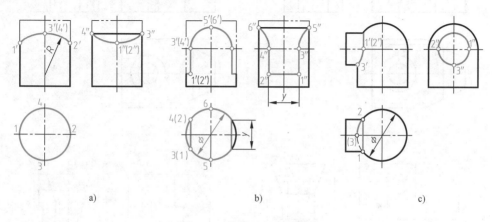

图 4-21　分析面与面的交线

（3）识别面与面的相对位置　视图中每个封闭的线框表示组合体上的一个表面，那么相邻的封闭线框（或线框中再套线框），通常是物体的两个表面，可有高、低、平、斜、空、实的差别。现以图 4-22 所示的垫块为例进行分析。

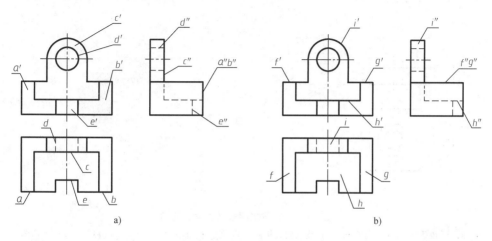

图 4-22　识别面与面的相对位置

从图 4-22a 所示的主视图上看，有 a'、b'、c'、d'、e' 五个线框，按对应关系找出它们的其他投影 a、b、c、d、e 和 a''、b''、c''、d''、e''，便可知道 A、B 面在最前，其次为 E 面，再其次为 C 面，D 则代表从 C 面通到后面的圆柱孔；同理，分析如图 4-22b 所示俯视图上的线框 f、g、h、i，找出主视图和左视图上的投影 f'、g'、h'、i' 和 f''、g''、h''、i''，便知 I 在最上，F、G 在其次，H 面在最下。

例 4-5 读懂压块的三视图（图 4-23a），想象立体形状。

1）先作形体分析（图 4-23b）：从主、俯、左三视图的基本轮廓可以判断出压块是由挖切形成，未切前原形是长方体。进一步分析可知：主视图的长方形左上方缺角，显然为正垂面所截；俯视图的长方形缺前后角，显然为铅垂面所截；左视图前后则为水平

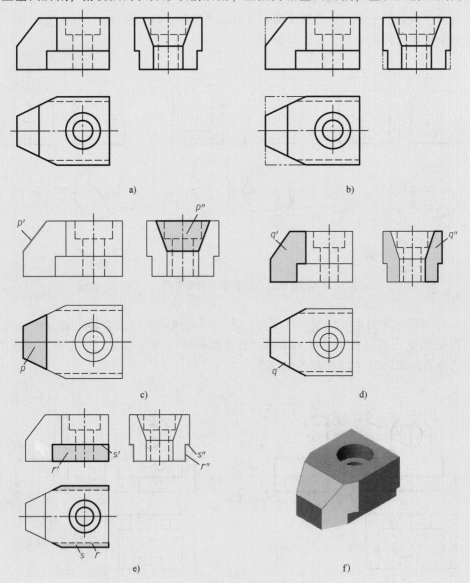

图 4-23 挖切式组合体的读图步骤

a）已知条件 b）形体分析 c）线、面分析一 d）线、面分析二 e）线、面分析三 f）立体图

面和正平面所截；另外，压块的右方开有一阶梯孔。

2）作线面分析：如图 4-23c～e 所示，通过分析可知 P 面为正垂的梯形；Q 面形状较复杂，为铅垂的七边形；S 为水平面，水平投影反映实形；R 为正平面，正面投影反映实形。

3）综合各面、线的位置和形状，归纳起来想整体，结果如图 4-23f 所示。

4.4 组合体的尺寸标注

一张图样仅仅有反映形状的视图，是不能准确确定组合体的真实大小的，还必须得有各方向的尺寸。尺寸是图样上的一项重要内容，标注得正确与否，直接关系到看图效果。

4.4.1 标注尺寸的基本要求

1）正确：符合机械制图国家标准中尺寸标注的一般规定，尺寸数值应正确无误。

2）完整：不多余，也不遗漏，每个尺寸只能标注一次。

3）清晰：便于看图。

4.4.2 基本几何体的尺寸注法

常见的基本几何体的尺寸注法，如图 4-24 所示。注意正六棱柱（图 4-24b）的底面尺寸，一般标注对边距离或外接圆直径，但只能标注一个。

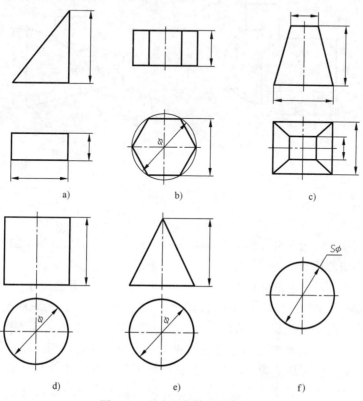

图 4-24 基本几何体尺寸注法

4.4.3 截切和相贯立体的尺寸标注

当组合体被挖切成缺口或截交线时，应按形体分析法标注，只需标注出基本几何体的大小及截面的位置，不能对截交线标注尺寸，如图 4-25 所示，其中"×"的尺寸是错误的注法。

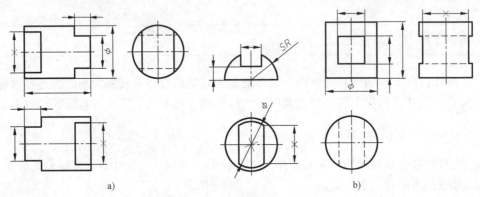

图 4-25　截交线的尺寸注法

当组合体表面产生相贯线时，同样只标注基本几何体的大小和相对位置，而不对相贯线标注尺寸，如图 4-26b 所示。

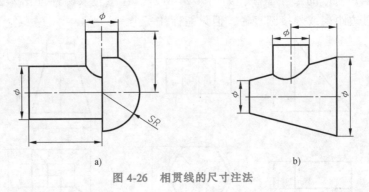

图 4-26　相贯线的尺寸注法

4.4.4　组合体的尺寸分析

现以图 4-27 所示的支架为例进行分析。组合体的尺寸按形体分析分为三类：

（1）定形尺寸　指确定组合体上各基本几何体大小的尺寸，如图 4-27 中支架底板的长 60、宽 42，矩形槽的长 24、高 4。

（2）定位尺寸　指确定组合体上各基本几何体之间相对位置的尺寸。

标注相对位置尺寸时，必须先确定组合体长、宽、高三个方向的标注尺寸的起点，即尺寸基准。一般选择底板的底面、重要的端面、主要的回转轴线、对称面等作为尺寸基准。

如图 4-27 所示，长度基准选择的是底板和支承板对齐的右端面，宽度基准选择的是前后的对称面，高度方向的基准为底板的底面，据此确定了各基本几何体各方向的位置。如 32、12 分别为凸台长度和高度方向的定位尺寸；26 为底板上两圆柱孔宽度方向的定位尺寸；

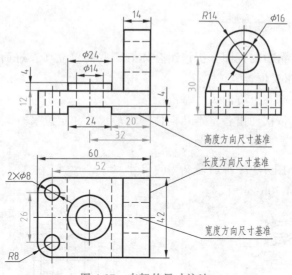

图 4-27　支架的尺寸注法

30 为侧垂圆柱孔的高度定位尺寸。

（3）总体尺寸　指确定组合体总长、总宽、总高的尺寸。

当组合体的端部不是平面而是回转面时，该方向不标注总体尺寸，而应由确定回转轴的定位尺寸和回转面的定形尺寸间接确定，如图 4-27 所示，总高由 30 和 R14 确定。

有时，已有尺寸已经代表了组合体的总体尺寸，就不必另外标注。如图 4-27 所示底板的长、宽就是组合体的总长、总宽。若加上总体尺寸后，该方向产生多余尺寸时，必须对同方向的尺寸进行调整。假如支架的顶面不是圆柱面，而是平面时，左视图如图 4-28 所示，那么标注总高就会产生一个多余的尺寸，因为总高 44 = 32 + 12，此时则应该去掉一个次要的定形尺寸 32。

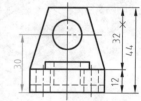

图 4-28　总体尺寸的注法

下面列举一些零件上常见到的底板，它们非常具有典型性，如图 4-29 所示。

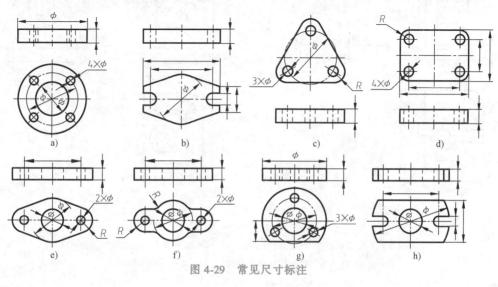

图 4-29　常见尺寸标注

4.4.5 组合体尺寸标注的方法和步骤

1）形体分析：从给出的视图分析该组合体有哪些简单立体，进而确定出都由哪些基本几何体组成，它们的相对位置。

2）选择长、宽、高三个方向尺寸基准。

3）分主次形体，依次注出各基本几何体的定形尺寸和定位尺寸。

4）标注总体尺寸，并做必要的调整。

例 4-6 标注如图 4-30a 所示轴支座的尺寸。

标注步骤如图 4-30b~d 所示。

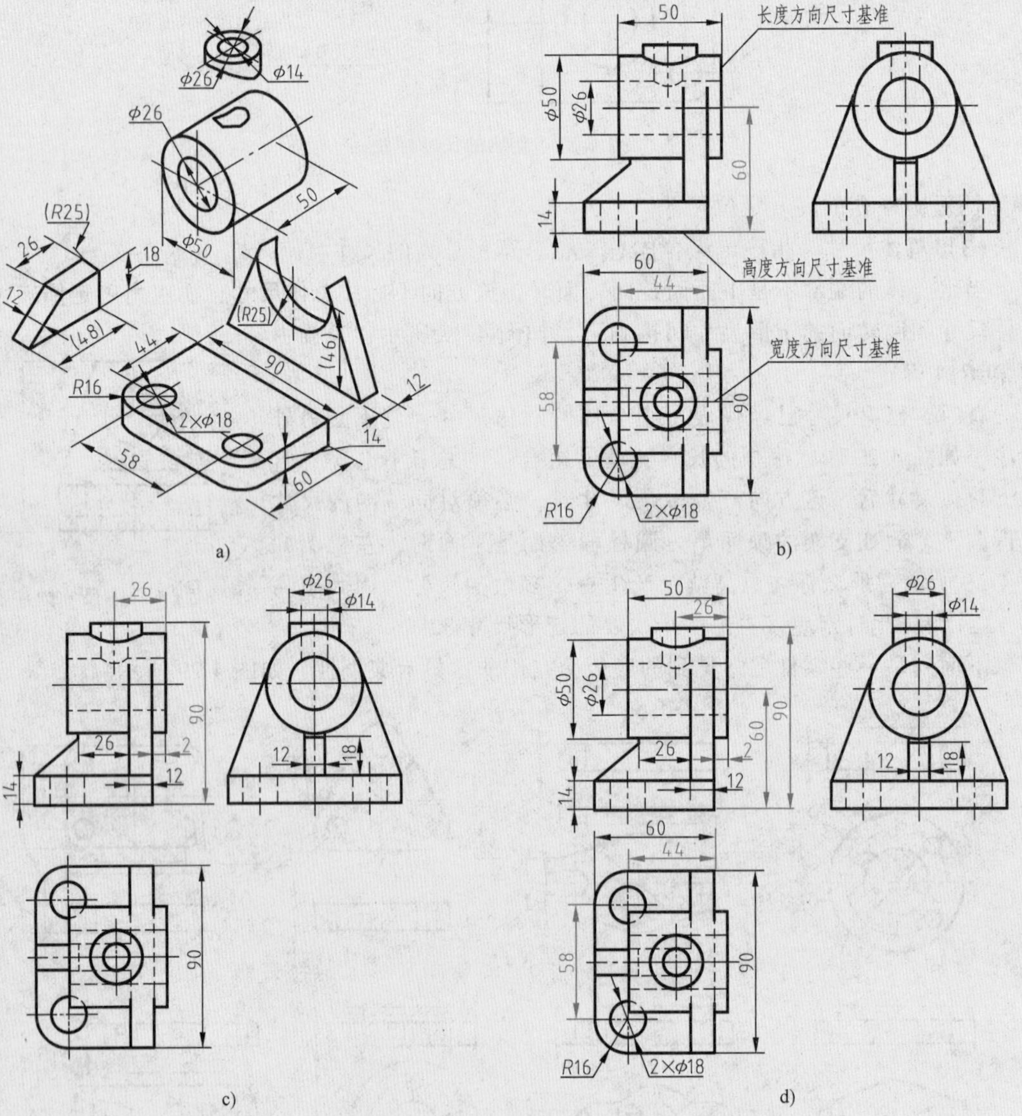

图 4-30 轴支座的尺寸标注

a）形体分析和初步考虑各基本体的定形尺寸 b）选择尺寸基准，标注底板、轴套尺寸

c）标注支承板，肋板和凸台尺寸 d）校核后的结果

4.4.6 组合体尺寸标注中应注意的问题

在满足尺寸正确的前提下，考虑到尺寸的布置和排列直接影响图形的清晰和看图的效果，应注意如下几个方面：

1）同轴回转体的直径，不要都集中标注在同心圆较多的视图上，在非圆视图上可标注一部分直径尺寸（图 4-31）。

2）平行的尺寸要按"小尺寸在里，大尺寸在外"的原则标注；同方向的尺寸，要排列整齐，不要错开，避免尺寸线与尺寸界线相交（图 4-32）。

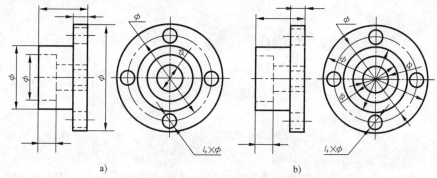

a)   b)

图 4-31 同轴回转体直径最好分散注在非圆视图

a）好 b）不好

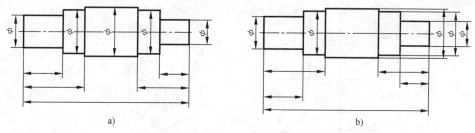

a)   b)

图 4-32 同方向的尺寸最好注在同一条线上

a）好 b）不好

3）表示同一结构的尺寸或有联系的尺寸，应集中标注在一个视图上（图 4-33）。

4）尺寸应标注在表达物体形状特征最明显的视图上，尽量不标注在虚线上（图 4-33）。

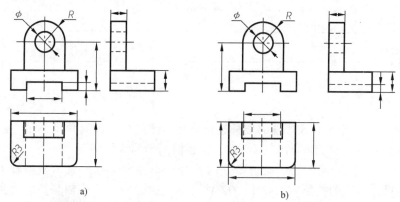

a)   b)

图 4-33 尺寸应注在表达该部分形状特征最明显的视图上

a）好 b）不好

第 5 章

轴 测 图

轴测图与前面所述的多面正投影图相比较,多面正投影图的度量性好,便于画图,它是工程上应用最广的图样,如图 5-1a 所示,但其立体感不强,有时不易看懂;而轴测图是单面投影图,一般能同时显示出物体的长、宽、高三个方向的形状,如图 5-1b 所示,形象生动,富有立体感,易于读懂,但其一般不易反映物体各表面的实形,因而度量性差,所以可以把它作为帮助读懂正投影图的辅助性图样。本章主要介绍轴测图的基本知识和画法。

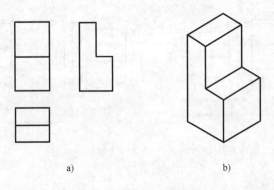

a)   b)

图 5-1 轴测图与多面正投影图

a) 多面正投影图   b) 轴测图

5.1 概述

5.1.1 轴测图的形成

如图 5-2 所示,用平行投影法将物体连同确定其空间位置的直角坐标轴一起沿不平行于任何坐标平面的方向投射到一个投影面上,得到的图形称为轴测图。

投影面 P 称为轴测投影面。投射线方向称为投射方向。空间直角坐标轴 O_1X_1、O_1Y_1、O_1Z_1 在轴测投影面上的投影 OX、OY、OZ 称为轴测投影轴,简称轴测轴。轴测轴之间的夹角 $\angle XOY$、$\angle YOZ$、$\angle XOZ$ 称为轴间角。轴测轴上的单位长度与相应投影轴上的单位长度的比值称为轴向伸缩系数，OX、OY、OZ 轴的轴向伸缩系数分别用 p、q、r 表示。

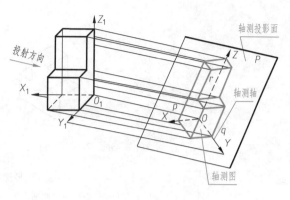

图 5-2　轴测图的形成

5.1.2　轴测图的投影特性

轴测投影是由平行投影得到的，除具有平行投影的特性外，还具有如下的投影特性：

1）物体上与坐标轴平行的线段，其轴测投影也平行于相应的轴测轴。

2）与坐标轴平行的线段，具有与其相同的轴向伸缩系数。

5.1.3　轴测图的分类

轴测图的分类详见表 5-1。

表 5-1　轴测图的分类

种　类	名　称	轴向伸缩系数
正轴测图 （投射方向⊥轴测投影面）	正等轴测图（正等测）	$p=q=r=1$
	正二等轴测图（正二测）	如：$p=r=1, q=1/2$
	正三等轴测图（正三测）	$p \neq q \neq r$
斜轴测图 （投射方向∠轴测投影面）	斜等轴测图（斜等测）	$p_1=q_1=r_1$
	斜二等轴测图（斜二测）	如：$p_1=r_1, q_1=1/2$
	斜三等轴测图（斜三测）	$p_1 \neq q_1 \neq r_1$

画物体的轴测图时，Z 轴常画成铅垂位置，物体的可见轮廓线用粗实线画出，不可见轮廓线一般不画。本章主要介绍正等测和斜二测的画法。

5.2　正等测图

5.2.1　正等测图的参数

（1）轴间角　正等测图的轴间角均为 $120°$，轴测轴的位置如图 5-3a 所示。

（2）轴向伸缩系数　各轴向伸缩系数都相等，均约为 0.82，即 $p=q=r \approx 0.82$。

在实际作图中，需要把每个轴向尺寸乘以轴向伸缩系数 0.82 后画出，很不方便，为了简化作图，常采用简化轴向伸缩系数，即取 $p=q=r=1$。采用简化系数后，物体的投影沿各轴向的长度都被放大了 $1/0.82 \approx 1.22$ 倍，但形状并不改变。此时，平行于坐标轴的线段，其轴测投影的长度就等于线段的实长。

图 5-3b、c 所示是分别用轴向伸缩系数和简化伸缩系数画出的正等测图。今后无特殊说明，画正等测图时均采用简化伸缩系数作图。

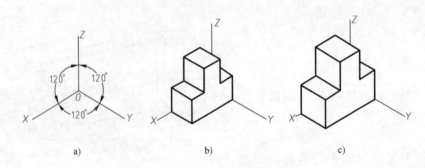

图 5-3　正等测图

a）轴间角　b）轴向伸缩系数　c）简化伸缩系数

5.2.2　平面立体的正等测图

画轴测图时，根据物体与坐标系的相对位置，把决定物体的有关顶点或线段的端点的轴测投影画出，再按这些点的原有关系把它们的投影连起来，即可作出物体的轴测图。

例 5-1　画出点 A（10，20，30）的正等测图。

作图步骤　如图 5-4 所示。

1）沿 OX 轴截取 $Oa_X = 10\text{mm}$。

2）过 a_X 作 $a_X a /\!/ OY$，截取 $a_X a = 20\text{mm}$。

3）过 a 作 $aA /\!/ OZ$，截取 $aA = 30\text{mm}$，即得点 A 的轴测投影。

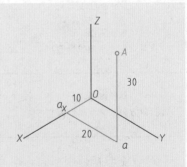

图 5-4　点的轴测投影

例 5-2　作如图 5-5a 所示的正六棱柱的正等测图。

作图步骤　如图 5-5b~f 所示。

1）在两面投影图上确定坐标轴，取顶面中心为原点，如图 5-5a 所示。

2）根据轴间角均为 120°，画出三根轴测轴，如图 5-5b 所示。

3）量取 14、ab 长度，在轴测轴上作出 1、4、a、b 四点，如图 5-5c 所示。

4）过 a、b 两点作 OX 轴的平行线，在其上量取 23、56 长度，得 2、3、5、6 四点的轴测投影，连接 1、2、3、4、5、6 各点，得顶面轴测投影，如图 5-5d 所示。

5）过顶面各点向下画平行于 OZ 的各条棱线，长度等于六棱柱的高，如图 5-5e 所示。

6）连接各点，画出底面的轴测投影。

7）去掉多余的线，加深可见轮廓，得六棱柱的正等测图，如图 5-5f 所示。

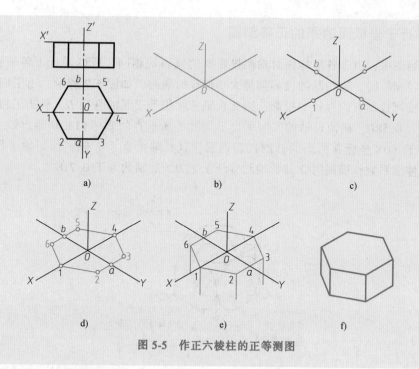

图 5-5 作正六棱柱的正等测图

例 5-3 画出如图 5-6 所示立体的正等测图。

作图步骤 如图 5-6 所示。该物体由长方体切割而成，可先画出长方体的正等测图，再把需要切割的部分逐个切去，即可完成该立体的正等测图。

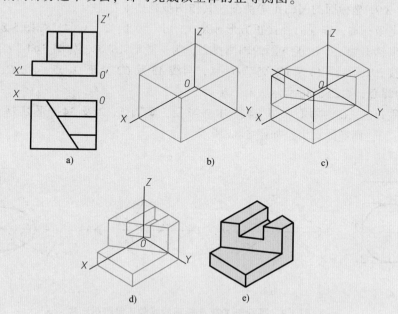

图 5-6 切割立体的正等测图

a）确定坐标轴 b）作轴测轴，按尺寸画出长方体的正等测图 c）根据两视图中
尺寸画出长方体被切割后的正等测图 d）根据两视图中尺寸画出长方体上
切槽后的轴测图 e）擦去作图线，加深轮廓线，即为作图结果

5.2.3 平行于坐标面的圆的正等测图

在正等测图中，由于各坐标面对轴测投影面的倾斜均相同，所以平行于各坐标面的圆，当它们的直径相等时，这些圆的投影都是大小相等的椭圆，如图5-7所示。由于椭圆长轴是圆的平行于轴测投影面的直径的投影，因此长轴长度仍等于圆的直径 D，椭圆短轴与长轴垂直，长度约为 $0.58D$。椭圆长轴的方向垂直于与圆平面垂直的坐标轴的轴测投影，如图5-7所示，平行于 XOY 坐标面的圆的轴测投影椭圆，其长轴垂直于 Z 轴，而短轴平行于 Z 轴。当采用简化伸缩系数作椭圆时，其长轴约等于 $1.22D$，短轴约等于 $0.7D$。

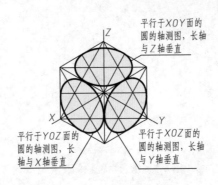

图 5-7 平行于坐标面的圆的正等测投影

一般画圆的正等测投影椭圆时，采用四心圆弧的近似画法。图5-8所示为用近似画法画出的平行于 XOY 坐标面的圆的正等测图，其作图步骤如下：

1）确定坐标轴，作圆的外接正方形 $ABCD$，切点为 1、2、3、4，如图5-8a所示。

2）画出轴测轴，作出正方形的轴测投影，为一菱形 $ABCD$，如图5-8b所示。

3）连接 BD，与线 $A4$ 及 $C1$ 交于 O_1 点，与线 $A3$ 及 $C2$ 交于 O_2 点，A、C、O_1、O_2 即为四个圆弧的圆心，如图5-8c所示。

4）分别以 A、C 为圆心，以 $A4$、$C1$ 为半径，画圆弧 12 及 34；再以 O_1、O_2 为圆心，画圆弧 14、23，则椭圆画出，如图5-8d所示。

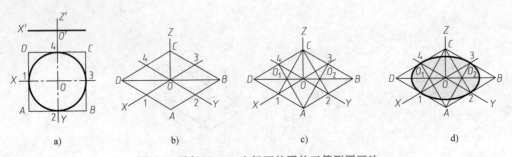

a)　　　　　b)　　　　　c)　　　　　d)

图 5-8 平行于 XOY 坐标面的圆的正等测图画法

5.2.4 回转体的正等测图

回转体如圆柱、圆锥在作轴测图时，画出上、下底面及轮廓线的投影即可。

例5-4 画出带正垂切口圆柱的正等测图（图5-9）。

分析 圆柱的轴线是铅垂的，其两端面为平行于水平面且直径相等的圆，按平行 XOY 坐标面的圆的正等测图画法画出即可。

作图步骤 如图5-10所示。

1）在圆柱两面投影图上确定坐标轴，如图5-9所示。

2）画出轴测轴，定出上下端面的位置后，画出圆柱的轴测图，如图5-10a所示。

3）根据两面投影图上截平面的位置，在轴测图上画出截交线的投影，如图5-10b所示。

4）去掉多余的线，加深可见轮廓线，得带切口圆柱的轴测图，如图5-10c所示。

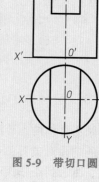

图5-9 带切口圆柱

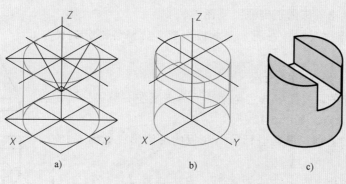

a)   b)   c)

图5-10 带切口圆柱的正等测图画法

例5-5 画出侧垂圆台的正等测图，如图5-11a所示。

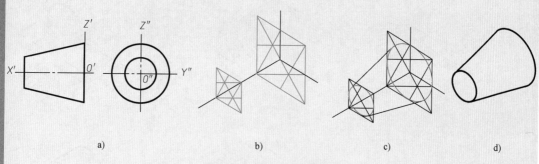

a)   b)   c)   d)

图5-11 圆台正等测图画法

分析 圆台的轴线是侧垂线，因此两端面为平行于侧面的圆，按平行 YOZ 坐标面的圆的正等测图画法画出即可。

作图步骤 如图5-11所示。

1）在圆台的两面投影中确定坐标轴，如图5-11a所示。

2）画出轴测轴，定出两端面位置，画出两端面圆的外接正方形的正等测图，如图 5-11b 所示。

3）画出两个椭圆后，作出两椭圆的公切线，如图 5-11c 所示。

4）去掉多余的线，加深可见轮廓线，即得圆台正等测图，如图 5-11d 所示。

5.2.5　组合体的正等测图

画组合体的正等测图，应先对组合体进行形体分析，分清它由哪些基本几何体组成，各形体间的相对位置关系及组合形式如何，然后从形体特点和方便作图考虑选定坐标轴，由主到次，由大到小依次画出其轴测图。

例 5-6　画出支座的正等测图（图 5-12）。

分析　支座由圆柱、底板、支承板组成，分清各部分的位置后，即可作图。

作图步骤　如图 5-13 所示。

1）在支座的两视图中选定坐标轴，因支座左右对称，取后底边的中点为原点，如图 5-12 所示。

2）画出轴测轴，根据坐标作出底板的轴测图，如图 5-13a 所示。

3）画出底板上方圆柱的轴测图，圆柱的端面与 XOZ 坐标面平行，注意圆柱与底板的相对位置关系，如图 5-13b 所示。

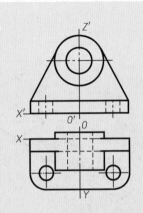

图 5-12　支座的两视图

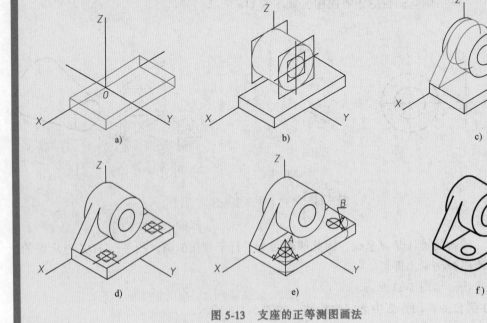

图 5-13　支座的正等测图画法

a）画底板　b）画圆柱　c）画支承板　d）画底板圆柱孔　e）画底板圆角　f）完成轴测图

108

4）画出底板与圆柱之间的支承板，注意支承板的斜面与圆柱面相切，如图 5-13c 所示。

5）画底板上两个圆柱孔，作出上表面两椭圆中心，画出椭圆，如图 5-13d 所示。

6）画底板圆角，从底板顶面上圆角的切点作切线的垂线，交得圆心 A、B，再分别在切点间作圆弧，得顶面圆角的轴测投影，底面圆角可沿底板厚度平移顶面圆角得到，最后作右边两圆弧的公切线即可，如图 5-13e 所示。

7）最后擦去多余线，加深可见轮廓线，即得支座正等测图，如图 5-13f 所示。

5.3 斜二测图

5.3.1 斜二测图的参数

（1）轴间角 因 X、Z 两坐标轴平行于轴测投影面，所以 $\angle XOZ = 90°$，$\angle XOY = 135°$，$\angle YOZ = 135°$，斜二测轴间角如图 5-14 所示。

（2）轴向伸缩系数 $p = r = 1$，$q = 0.5$。

5.3.2 平行于坐标面的圆的斜二测图

根据斜轴测图的投影特点，平行于 XOZ 坐标面的圆，其斜二测投影仍为直径相等的圆，如图 5-15 所示。平行于 XOY、YOZ 坐标面的圆的斜二测投影均为形状相同的椭圆，但长、短轴方向不同，它们的长轴都与圆所在坐标面内某一坐标轴成 $7°10'$ 的角，如图 5-15 所示。

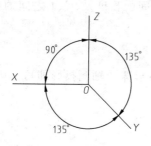

图 5-14 斜二测轴间角

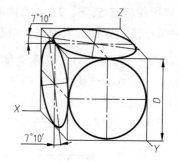

图 5-15 平行坐标面的圆的斜二测投影

图 5-16 所示为用近似画法画出的平行于 XOY 坐标面的圆的斜二测图，其作图步骤如下：

1）在平行于 XOY 坐标面的圆上作出其外切正方形，如图 5-16a 所示。

2）画出轴测轴，画圆的外切正方形的斜二测投影，得各边中点 1、2、3、4，并作出长、短轴 AB、CD，如图 5-16b 所示。

3）在短轴上下截取圆的直径 D，得 5、6 两点，即为短轴两端圆弧的中心，连接 5、2 两点及 6、1 两点，分别交长轴于 7、8 两点，7、8 即为长轴两端圆弧的中心，如图 5-16c 所示。

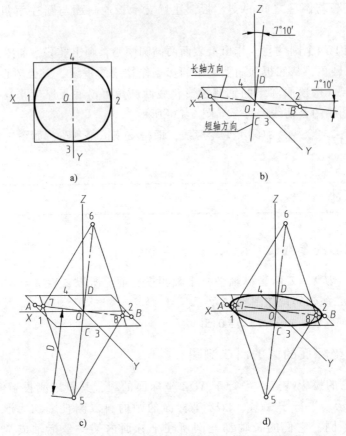

图 5-16　平行于 *XOY* 坐标面的圆的斜二测图画法

4）以所得四点 5、6、7、8 为圆心，分别以 5、2 之间的长度及 7、1 之间的长度为半径，作圆弧连接，即得所求椭圆，如图 5-16d 所示。

例 5-7　画出图 5-17a 所示立体的斜二测图。

分析　该立体结构简单，形体分析后，依次画出各形体的轴测投影即可。画图时需注意轴向伸缩系数 $p=r=1$，而 $q=0.5$。

作图步骤　如图 5-17 所示。

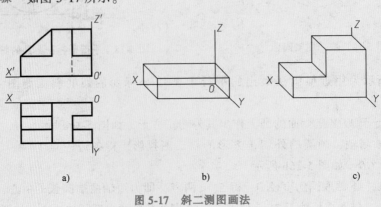

图 5-17　斜二测图画法

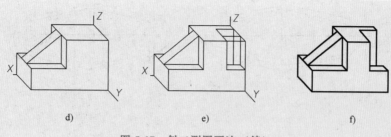

d)   e)   f)

图 5-17 斜二测图画法（续）

1）在两视图中选定坐标轴，如图 5-17a 所示。

2）按照斜二测图的轴间角角度画出轴测轴，并画出下方长方体的轴测投影，如图 5-17b 所示。

3）依次画出右上方长方体、左上方三棱柱及右侧棱柱槽的轴测投影，如图 5-17c～e 所示。

4）最后擦去多余线，加深可见轮廓线，即得立体的斜二测图，如图 5-17f 所示。

例 5-8 画出如图 5-18 所示物体的斜二测图。

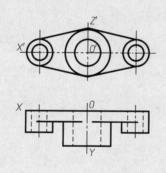

图 5-18 两面视图

分析 该物体是由菱形底板及三个圆柱构成，其上的圆平面均互相平行。因此，在选坐标轴时，使其平行于 *XOZ* 坐标面，则其轴测投影反映圆的实形，便于画图。

作图步骤 如图 5-19 所示。

1）在两视图上选定坐标轴，如图 5-18 所示。

2）画出轴测轴及底板的轴测投影，如图 5-19a 所示。

3）画出圆柱端面圆的轴测投影，如图 5-19b 所示。

4）画出圆孔的轴测投影，并画出圆柱的侧面轮廓线（圆的公切线），如图 5-19c 所示。

5）最后擦去多余线，加深可见轮廓线，即得斜二测图，如图 5-19d 所示。

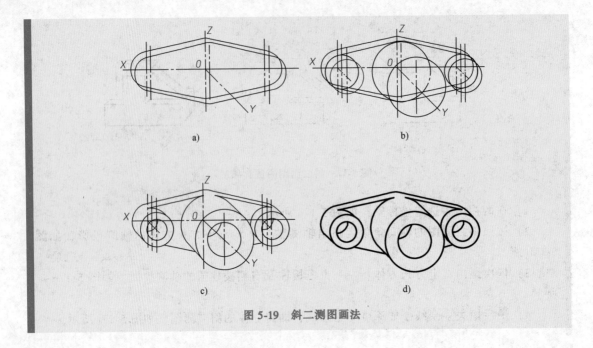

图 5-19 斜二测图画法

第 6 章

机件的常用表达方法

在实际工程中，由于使用场合和要求的不同，机件结构形状也是各不相同的。国家标准（GB/T 17451—1998）规定："绘制技术图样时，应首先考虑看图方便。根据物体的结构特点，选用适当的表示方法。在完整、清晰地表示物体形状的前提下，力求制图简便"。本章将介绍机件的各种常用表达方法。

6.1 视图

视图主要用来表达机件的外部结构形状，视图通常有基本视图、向视图、局部视图和斜视图。

6.1.1 基本视图和向视图

机件向基本投影面投影所得的视图，称为基本视图。当机件的外部形状比较复杂并在上下、左右、前后各个方向形状都不同时，用三个视图往往不能完整、清晰地把它们表达出来。因此标准规定，采用正六面体的六个面作为基本投影面，将物体放在其中，分别向六个投影面投影（图 6-1、图 6-2），得到六个基本视图，即：

主视图——由前向后投影所得的视图。

俯视图——由上向下投影所得的视图。

左视图——由左向右投影所得的视图。

右视图——由右向左投影所得的视图。

仰视图——由下向上投影所得的视图。

后视图——由后向前投影所得的视图。

各基本投影面按图 6-1 所示方法展开，展开后各视图的配置如图 6-2 所示。

基本视图满足"长对正、高平齐、宽相等"的投影规律，即主视图、俯视图和仰视图长对正（后视图同样反映零件的长度尺寸，但不与上述三视图对正），主视图、左视图、右视图和后视图高平齐，左视图、右视图与俯视图、仰视图宽相等。另外，主视图与后视图、左视图与右视图、俯视图与仰视图还具有轮廓对称的特点。

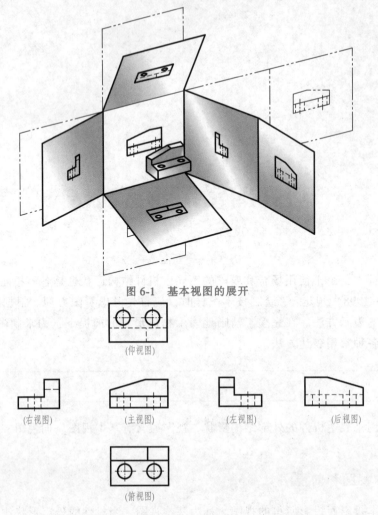

图 6-1　基本视图的展开

(仰视图)

(右视图)　(主视图)　(左视图)　(后视图)

(俯视图)

图 6-2　基本视图

如果视图不能按图 6-2 所示配置时，则应在该视图的上方标注"×"（"×"为大写的拉丁字母），在相应的视图附近用箭头指明投射方向，并注上相同的字母，如图 6-3 所示。这种可自由配置的视图称为向视图。

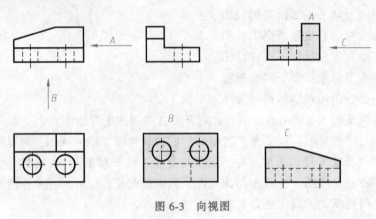

图 6-3　向视图

6.1.2 局部视图

将机件的某一部分向基本投影面投影，所得到的视图称为局部视图。当机件的主体形状已表达清楚，只有局部形状尚未表达清楚时，不必再增加一个完整的基本视图，可采用局部视图。如图 6-4 所示机件，当画出其主、俯视图后，仍有两侧的凸台没有表达清楚。因此，需要画出表达该部分的局部左视图和局部右视图。局部视图的断裂边界用波浪线画出，当所表达的局部结构是完整的，且外轮廓又成封闭时，波浪线可以省略，如图 6-4 所示的局部视图 B。

6.1.3 斜视图

机件向不平行于任何基本投影面的平面投射，所得的视图称为斜视图。斜视图主要用于表达机件上倾斜部分的实形。如图 6-5a 所示的连接弯板，其倾斜部分在基本视图上不能反映实形，为此，可选用一个新的投影面，使它与机件的倾斜部分表面平行，然后将倾斜部分向新投影面投影，这样便可在新投影面上反映实形。

斜视图一般按向视图的形式配置并标注，必要时也可配置在其他适当位置，在不引起误解时，允许将视图旋转配置，表示该视图名称的大写拉丁字母应靠近旋转符号的箭头端，如图 6-5b 所示，也允许将旋转角度标注在字母之后。

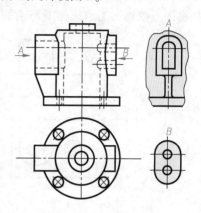

图 6-4 局部视图的画法

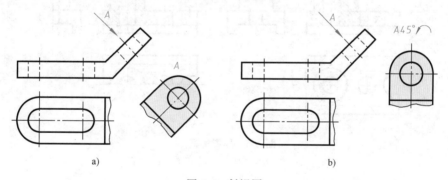

a)   b)

图 6-5 斜视图

6.2 剖视图

视图主要用来表示物体的外部结构和形状，内部结构和形状要用虚线画出。当物体的内部结构和形状比较复杂时，图形上的虚线较多，这样读图和标注尺寸均不方便。为了解决这个问题，常采用剖视图来表示机件的内部结构。

6.2.1 剖视图的基本概念

1. 剖视图的形成

假想用剖切面剖开机件，将处在观察者和剖切面之间的部分移去，将其余部分向投影面投影，所得到的投影图称为剖视图（简称剖视），如图6-6所示。采用剖视后，机件上原来一些看不见的内部形状和结构变为可见，并用粗实线表示，这样便于看图和标注尺寸。图6-6a所示是机件的三视图，主视图上有多条虚线。图6-6b所示为机件的立体图，图6-6c所示为剖视图。

剖切面与机件接触的部分，称为剖面，剖面是剖切面和物体相交所得的交线围成的。为了区别剖到和未剖到的部分，要在剖到的实体部分上画上剖面符号。因为剖切是假想的，实际上机件仍是完整的，所以画其他视图时，仍应按完整的机件画出。因此，图6-6d所示的左视图与俯视图的画法是不正确的。

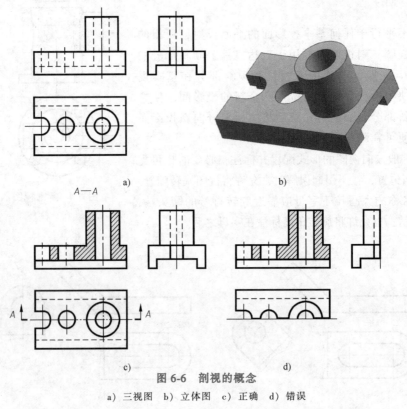

图 6-6　剖视的概念

a）三视图　b）立体图　c）正确　d）错误

2. 剖视图的画法

剖视图是假想将机件剖切后画出的图形，因此要画好剖视图应注意：

1）确定剖切方法及剖面位置。选择最合适的剖切位置，以便充分表达机件的内部结构形状，剖切平面一般应通过机件上孔的轴线、槽的对称面等结构。

2）画出剖视图。假想剖开机件后，处在剖切面之后的所有可见轮廓都应该补全，不得遗漏。不可见部分的轮廓线——虚线，在不影响对机件形状完整表达的前提下，不再画出。

3）画剖面符号。用粗实线画出机件被剖切后截面的轮廓线及机件上处于剖切面后面的可见轮廓线，并且在剖切面上画出相应材料的剖面符号，其中金属材料的剖面符号用与水平成45°的间隔均匀、互相平行的细实线表示，这种线称为剖面线。在同一张图样中，同一个机件的所有剖视图的剖面符号应该相同。

为了区别被剖到的机件的材料，国家标准规定了各种材料剖面符号的画法，见表6-1。

3. 剖视图的标注

1）画剖视图时，一般应在剖视图的上方用大写的拉丁字母标注出剖视图的名称"*X—X*"，在相应的视图上用剖切符号标注剖切位置，剖切符号是线宽为 $(1～1.5)d$、长为 $5～10mm$ 的粗实线。剖切符号不得与图形的轮廓线相交，在剖切符号的附近标注出相同的大写拉丁字母，字母一律水平书写。在剖切符号的外侧画出与其垂直的细实线和箭头表示投射方向，如图 6-6c 所示。

2）当剖视图按投影关系配置，中间又无其他图形隔开时，可省略箭头。

3）当单一的剖切面通过机件的对称平面或基本对称平面，且剖视图按投影关系配置，中间又没有其他图形隔开时，可省略标注。

表 6-1 部分剖面符号

材 料 名 称	剖面符号	材 料 名 称	剖面符号
金属材料(已有规定剖面符号者除外)		砖	
线圈绕组元件		玻璃及供观察用的其他透明材料	
转子、电枢、变压器和电抗器等的叠钢片		液体	
型砂、填砂、粉末冶金、砂轮、陶瓷刀片、硬质合金刀片等		非金属材料(已有规定剖面符号者除外)	

4. 画剖视图应注意的几个问题

1）为了表达机件内部的真实形状，剖切面应通过孔、槽的对称平面或轴线，并平行于某一投影面。

2）由于剖切面是假想的，因此，当机件的某一个视图画成剖视图后，其他视图仍应完整地画出。

3）在剖视图中，一般应省略虚线。对于没有表达清楚的结构，在不影响剖视图的清晰，同时可以减少一个视图的情况下，可画少量虚线。

4）剖切面后的可见轮廓线应全部画出，不得遗漏，如图 6-7 所示。

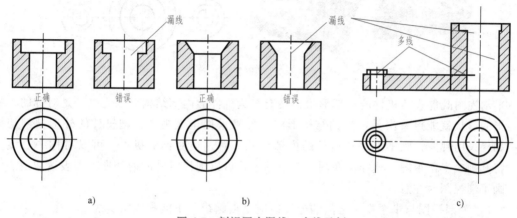

图 6-7 剖视图中漏线、多线示例

6.2.2 剖视图的种类

根据机件被剖切范围的大小，剖视图可分为全剖视图、半剖视图和局部剖视图。

1. 全剖视图

用剖切平面完全地剖开机件所得到的剖视图，称为全剖视图。全剖视图可以用一个剖切面剖开机件得到，也可以用几个剖切面剖开机件得到。全剖视图主要用于内部形状复杂、外形简单或外形虽然复杂但已经用其他视图表达清楚的机件，如图6-8所示。

当机件剖开后，其内部的轮廓线就成了可见轮廓线，原来的虚线就应画成粗实线。要注意这些轮廓线的画法与在视图中的可见轮廓线的画法是一致的。

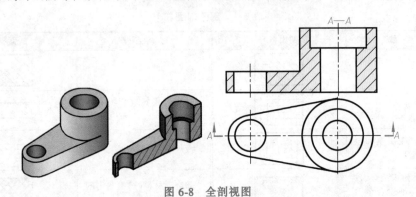

图6-8 全剖视图

2. 半剖视图

当机件具有对称平面时，在垂直于对称平面的投影面上投影所得到的图形，可以对称中心线为界，一半画成剖视图，另一半画成视图，这种组合的图形称为半剖视图。如图6-9所示。

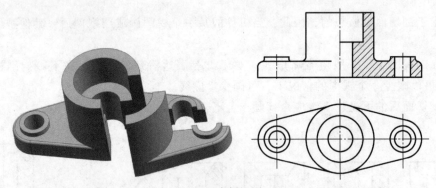

图6-9 半剖视图

半剖视图既能表达机件的外部形状，又能表达机件的内部结构，因为机件是对称的，根据一半的形状就能想象出另一半的结构形状。如果采用全剖视图，则机件的外形被剖切掉了；如果采用视图，则不能表达机件的内部形状。对这类对称的机件，可以对称中心线为界，将其画成半剖视图。这样，在同一个视图上就可以把该机件的内外形状都表达清楚。

画半剖视图时注意：

1）半个剖视图与半个视图之间的分界线应是点画线，不能画成粗实线。

2）机件的内部结构在半个剖视图中已表示清楚后，在半个视图中就不应再画出虚线。

3. 局部剖视图

当机件尚有部分的内部结构形状未表达清楚，但又没有必要作全剖视图或不适合于作半剖视图时，可用剖切面局部地剖开机件，所得的剖视图称为局部剖视图，如图6-10所示。局部剖切后，机件断裂处的轮廓线用波浪线表示。为了不引起读图时误解，波浪线不要与图形中的其他图线重合，也不要画在其他图线的延长线上。图6-11所示为波浪线的常见错误画法，绘图时须引起注意。

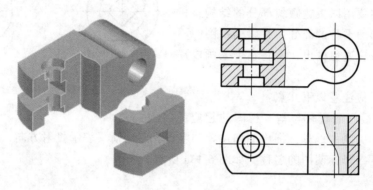

图 6-10　局部剖视图

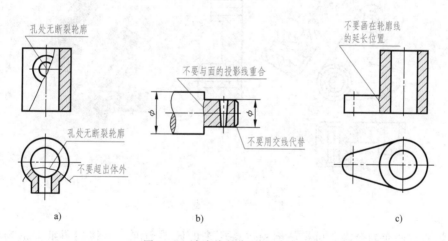

图 6-11　波浪线的常见错误画法

应该指出的是，图6-12所示的机件虽然对称，但由于机件的分界处有轮廓线，因此不宜采用半剖视而采用了局部剖视，而且局部剖视范围的大小，视机件的具体结构形状而定，可大可小。

6.2.3　剖切面的种类

因为机件内部结构和形状的多样性，剖切机件的剖切面也不尽相同，可以用一个剖切面剖开机件，也可以用几个剖切面剖开机件。

1. 单一剖切面

单一剖切面用得最多的是投影面的平行面，前面所举图例中的剖视图都是用这种平面剖切得到的。单一剖切面还可以用垂直于基本投影面的平面，当机件上有倾斜部分的内部结构需要表达时，可和画斜视图一样，选择一个垂直于基本投影面且与所需表达部分平行的投影面，然后再用一个平行于这个投影面的剖切面剖开机件，向这个投影面投影，这样得到的剖视图称为斜剖视图，简称斜剖视，如图 6-13 所示。

斜剖视图主要用以表达倾斜部分的结构，机件上与基本投影面平行的部分，在斜剖视图中不反映实形，一般应避免画出，常将它舍去画成局部视图。

画斜剖视时应注意以下几点：

1）斜剖视最好配置在与基本视图的相应部

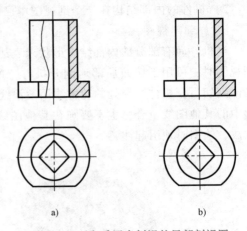

图 6-12 不宜采用半剖视的局部剖视图

a）正确 b）错误

分保持直接投影关系的地方，标出剖切位置和字母，并用箭头表示投射方向，还要在该斜视图上方用相同的字母标明图的名称，如图 6-13a 所示。

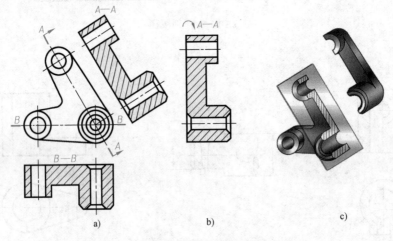

图 6-13 单一斜剖切面

2）为使视图布局合理，可将斜剖视保持原来的倾斜程度，平移到图纸上适当的地方；为了画图方便，在不引起误解时，还可把图形旋转到水平位置，表示该剖视图名称的大写字母应靠近旋转符号的箭头端，如图 6-13b 所示。

3）当斜剖视的剖面线与主要轮廓线平行时，剖面线可改为与水平线成 30°或 60°角，原图形中的剖面线仍与水平线成 45°，但同一机件中剖面线的倾斜方向应大致相同。

2．几个平行的剖切面

当机件上有较多的内部结构形状，而它们的轴线不在同一平面内时，可用几个互相平行的剖切面剖切。图 6-14 所示机件为用了三个平行的剖切面剖切后画出的 "A—A" 全剖视图。

采用该种剖视图时，各剖切面剖切后所得的剖视图是一个图形，不应在剖视图中画出各剖切面的界线，如图 6-14c 所示；在图形内也不应出现不完整的结构要素，如图 6-14d 所示。

该种剖视图的标注与图 6-15 所示的标注要求相同。在相互平行的剖切平面的转折处的

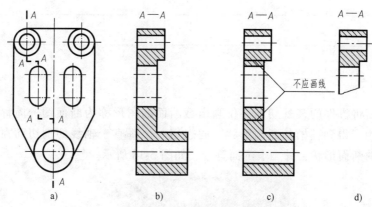

图 6-14 用三个平行的剖切面获得的剖视图

位置不应与视图中的粗实线（或虚线）重合或相交，当转折处的地方很小时，可省略字母。

该种剖视图适用于表达机件上在平行于某一投影面的方向上具有两个以上不同形状和大小的复杂内部结构，如孔、槽等，而它们的轴线又不在同一投影面的同一平行平面内的情况。

3. 几个相交的剖切平面

当机件的内部结构形状用一个剖切平面不能表达完全，且这个机件在整体上又具有回转轴时，可用两个相交的剖切平面剖开，如图 6-15 所示的俯视图为剖切后所画出的全剖视图。

采用该种剖视图时，首先把由倾斜平面剖开的结构连同有关部分旋转到与选定的基本投影面平行，然后再进行投射，使剖视图既反映实形又便于画图。

需要指出的是：

1）该种剖视图必须标注。标注时，在剖切平面的起、讫、转折处画上剖切符号，标上同一字母，并在起讫处画出箭头表示投射方向，在所画的剖视图的上方中间位置用同一字母写出其名称"$X—X$"，如图 6-15 所示。

2）在剖切平面后的其他结构一般仍按原来位置投影，如图 6-15 中所示小油孔的两个投影。

3）当剖切后产生不完整要素时，应将该部分按不剖画出，如图 6-16 所示。

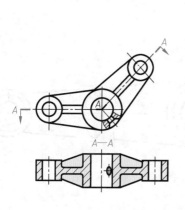

图 6-15 用几个相交的剖切面
获得的剖视图（一）

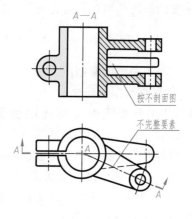

图 6-16 用几个相交的剖切面
获得的剖视图（二）

6.3 断面图

6.3.1 基本概念

假想用剖切面将机件的某处切断，仅画出截断面的图形称为断面图，简称断面。如图 6-17 所示的轴，为了得到键槽的断面形状，假想用一个垂直于轴线的剖切面在键槽处将轴切断，只画出它的断面形状，并画上剖面符号，如图 6-18 所示。

图 6-17 轴的轴测图

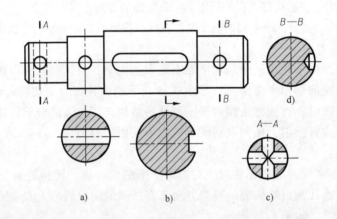

图 6-18 移出断面图（一）

断面图与剖视图的区别是：断面图只画出机件的断面形状，而剖视图除了断面形状以外，还要画出机件剖切面后方的投影。

6.3.2 移出断面图

画在视图之外的断面图，称为移出断面，如图 6-18 所示。

1. 移出断面图的画法

1）移出断面图的轮廓线用粗实线绘制，在断面区域内一般要画剖面符号。移出断面图应尽量配置在剖切符号或剖切面迹线的延长线上，如图 6-18a、b 所示。

2）必要时可将移出断面配置在其他适当位置，如图 6-18c、d 所示。

画移出断面图时应注意：

1）断面图形对称时，也可画在视图的中断处，如图 6-19 所示。

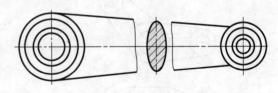

图 6-19 移出断面图（二）

2）当剖切面通过回转面形成的孔或凹坑，会导致完全分离的两个断面时，这些结构也应按剖视画，如图 6-20 所示。

3）当剖切面通过非圆孔会导致出现完全分离的两个断面时，这结构也应按剖视画出，如图 6-21 所示。

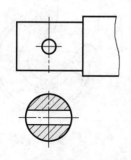

图 6-20　移出断面图（三）

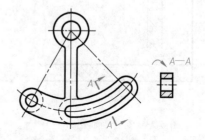

图 6-21　移出断面图（四）

4）用两个或多个相交的剖切平面剖切得出的移出断面，中间一般应断开，如图 6-22 所示。

2. 移出断面图的标注

移出断面图一般用剖切符号或剖切线表示剖切位置，用箭头表示投射方向，并注上字母"X"，在断面图的上方应用同样的字母标出相应的名称"$X—X$"，如图 6-18 中所示的 $A—A$ 断面图。

1）当移出断面图配置在剖切线的延长线上时，若断面图对称，则不标注，只需画出剖切线（细点画线）表明剖切位置即可，如图 6-20 所示；若断面图不对称，则只可省略字母，如图 6-18b 所示。

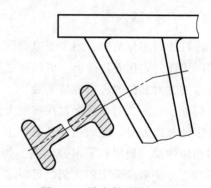

图 6-22　移出断面图（五）

2）当移出断面图配置在其他位置时，若断面图对称，则可省略箭头；若断面图不对称，则剖切符号、箭头、字母都应标注，如图 6-21 所示。

3）配置在视图中断处的移出断面图不必标注，如图 6-19 所示。

4）移出断面图画在符合投影关系的位置上，无论断面图是否对称，都可省略箭头，如图 6-18d 所示。

6.3.3　重合断面图

画在视图之内的断面图称为重合断面图，如图 6-23 所示。

1. 重合断面图的画法

画重合断面图时，断面轮廓线用细实线绘制，当视图的轮廓线与重合断面图的图形重叠时，视图中的轮廓线仍应连续画出，不可间断，如图 6-23 所示。

2. 重合断面图的标注

对称的重合断面图不必标注，如图 6-24 所示。不对称的重合断面图应画出剖切符号和箭头，如图 6-23 所示。

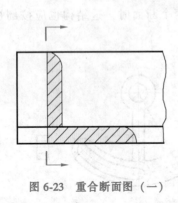

图 6-23　重合断面图（一）

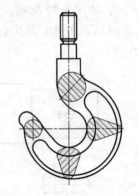

图 6-24　重合断面图（二）

6.4　局部放大图和简化画法

6.4.1　局部放大图

　　将机件的部分结构，用大于原图所采用的比例单独画出的图形称为局部放大图。局部放大图可用任何表达方法画出，可以画成视图、剖视图或断面图，即局部放大图所采用的表示方法与被放大部位的表示方法无关。

　　局部放大图，应尽量配置在被放大部位附近。作图时用细实线圆圈出被放大的部位。同时有多处被放大时，必须用罗马数字Ⅰ、Ⅱ等依次标明被放大的部位，并在局部放大图上方标出相应的罗马数字和采用的比例，如图 6-25 所示。若只有一处被放大部位，则只需在放大图的上方注明所采用的比例就可以了；必要时可用一个图形来表达几个相同的被放大部位的结构，如图 6-26 所示。

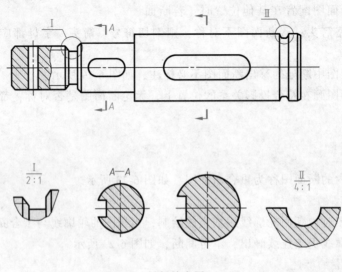

图 6-25　局部放大图（一）

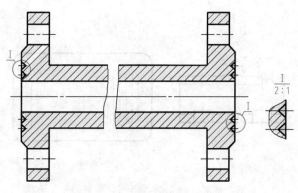

图 6-26　局部放大图（二）

6.4.2　简化画法

为了方便制图，国家标准规定了一些简化画法，本节将其中最常见的几种情况做一介绍。

1. 肋板、轮辐等结构的画法

1）对于机件上的肋板、轮辐及薄壁等，如按纵向剖切，这些结构都不画剖面符号，而用粗实线将它与其邻接部分分开。但当这些结构不按纵向剖切时，仍应画出剖面符号，如图6-27所示。

2）当零件回转体上均匀分布的肋板、孔等结构不处于剖切平面上时，可将这些结构旋转到剖切平面上画出。如图6-28所示。

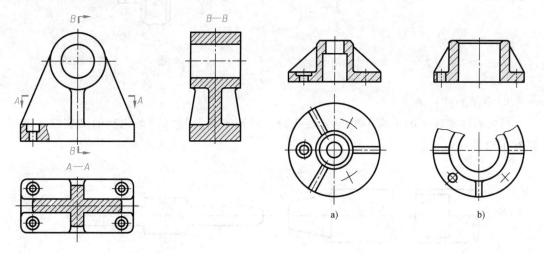

图 6-27　薄壁的简化画法　　　　　图 6-28　回转体上均匀分布的肋板、孔的简化画法

2. 相同结构的简化画法

1）当机件具有若干相同结构（齿、槽等），并按一定规律分布时，只需要画出几个完整的结构，其余用细实线连接，在零件图中则必须注明该结构的总数，如图6-29所示。

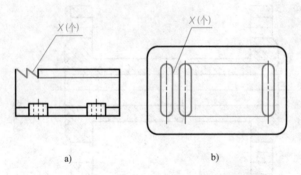

a)   b)

图 6-29　成规律分布的若干相同结构的简化画法

　　2）若干直径相同且成规律分布的孔（圆孔、螺孔、沉孔等）可以仅画出一个或几个，其余只需用细点画线表示其中心位置，在零件图中应注明孔的总数，如图 6-30 所示。

　　3）对于网状物、编织物或机件上的滚花部分，可以在轮廓线附近用粗实线示意画出，并在图上或技术要求中注明这些结构的具体要求，如图 6-31 所示。

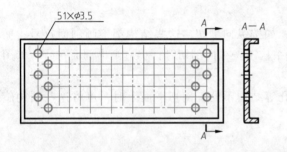

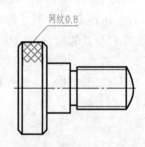

图 6-30　成规律分布的相同孔的简化画法   图 6-31　滚花的画法

3. 平面的简化画法

　　当曲面体零件上的平面不能充分表达时，可用平面符号（两条相交的细实线）表示，如图 6-32 所示。

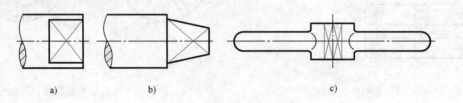

a)   b)   c)

图 6-32　表示平面的简化画法

4. 较小结构的简化画法

　　机件上的较小结构，如在一个视图中已表达清楚时，其他视图可以简化，如图 6-33

所示。

5. 较长机件的简化画法

长的机件（轴、杆、型钢、连杆等）沿长度方向的形状一致或按一定规律变化时，可断开后缩短绘制（标注尺寸时仍按实际长度），如图 6-34 所示。

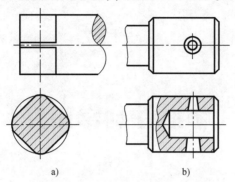

a)   b)

图 6-33　机件上较小结构的简化画法

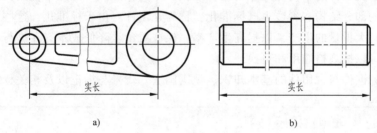

a)   b)

图 6-34　各种断裂画法

第 7 章

标准件和常用件

在机器或部件中，除一般零件外，还广泛使用螺栓、螺钉、螺母、垫圈、键、销和滚动轴承等零件，这类零件的结构和尺寸均已标准化，称为标准件。还经常使用齿轮、弹簧等零件，这类零件的部分结构和参数也已标准化，称为常用件。由于标准化，这些零件可由一些专门的工厂进行大批量的生产，以提高生产率、保证质量、降低成本。在进行设计、装配和维修机器时，可以按规格选用和更换。

本章介绍标准件与常用件的基本知识、规定画法、代号与标记以及相关标准的查用。

7.1 螺纹的规定画法和标注

7.1.1 螺纹的形成、要素和结构

1. 螺纹的形成

螺纹是在圆柱体表面上沿着螺旋线所形成的螺旋体，具有相同轴向断面的连续凸起和沟槽。在圆柱（或圆锥）外表面上所形成的螺纹称为外螺纹；在圆柱（或圆锥）内表面上所形成的螺纹称为内螺纹，如图 7-1 所示。

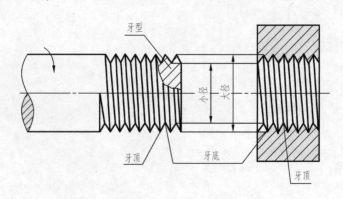

图 7-1 外螺纹和内螺纹

螺纹的表面可分为凸起和沟槽两部分，螺纹的凸起部分称为牙顶，沟槽部分称为牙底。为了防止螺纹端部损坏和便于安装，通常在螺纹的起始处做成一定形状的末端，如圆锥形的倒角或球面形的圆顶等，如图7-2所示。

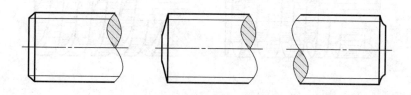

图 7-2 螺纹末端

车削螺纹的刀具快到螺纹终止处时要逐渐离开工件，因而螺纹终止处附近的牙型要逐渐变浅，形成不完整的牙型，这一段长度的螺纹称为螺尾。为了避免产生螺尾和便于加工，有时在螺纹终止处预先车出一个退刀槽，如图7-3所示。

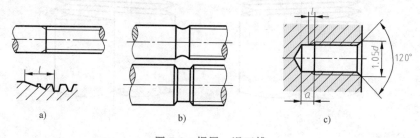

图 7-3 螺尾、退刀槽

2. 螺纹的要素及结构

螺纹由下列五要素确定：

（1）牙型　沿螺纹轴线方向剖切所得到的螺纹的断面形状，称为螺纹的牙型。常见螺纹牙型有三角形、梯形、锯齿形和矩形等。

（2）公称直径　公称直径是代表螺纹的规格尺寸的直径，一般是指螺纹的大径。螺纹大径是与外螺纹牙顶或内螺纹牙底相切的假想圆柱面的直径，用 d（外螺纹）或 D（内螺纹）表示；小径是与外螺纹牙底或内螺纹牙顶相切的假想圆柱面的直径，用 d_1（外螺纹）或 D_1（内螺纹）表示；在大小径之间设想有一圆柱，其母线通过牙型上沟槽和凸起宽度相等处，则该假想圆柱的直径称为螺纹中径，用 d_2（外螺纹）或 D_2（内螺纹）表示。

（3）线数　螺纹有单线和多线之分，沿一条螺旋线形成的螺纹，称为单线螺纹，如图7-4a所示；沿两条或两条以上螺旋线所形成的螺纹称为多线螺纹，线数用 n 表示。

（4）螺距和导程　螺纹相邻两牙在中径线上对应两点间的轴向距离，称为螺距，用 P 表示。同一条螺旋线上的相邻两牙在中径线上对应两点间的轴向距离，称为导程，用 P_h 表示。对于单线螺纹，导程与螺距相等，即 $P_h = P$；对于多线螺纹，$P_h = nP$，如图7-4所示。

（5）旋向　螺纹的旋向有左旋和右旋之分。顺时针旋转时旋入的螺纹是右旋螺纹；逆时针旋转时旋入的螺纹是左旋螺纹，如图7-5所示。

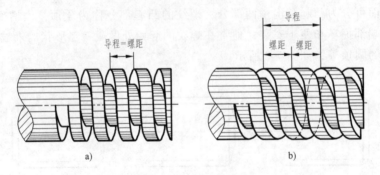

图 7-4 螺纹的线数

a）单线螺纹 b）双线螺纹

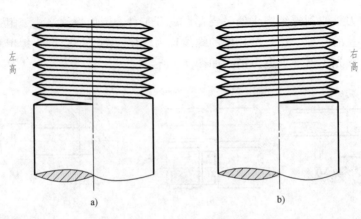

图 7-5 螺纹的旋向

a）左旋 b）右旋

7.1.2 螺纹的规定画法

为简化作图，国家标准规定了螺纹的简化画法。

1. 外螺纹的简化画法

在投影为非圆的视图上，螺纹大径用粗实线表示，螺纹小径用细实线表示，并画入倒角，螺纹的终止线用粗实线表示。

在投影为圆的视图上，表示螺纹大径的粗实线圆要画完整，而表示螺纹小径的细实线圆只画 3/4 圈，倒角圆省略不画，如图 7-6 所示。

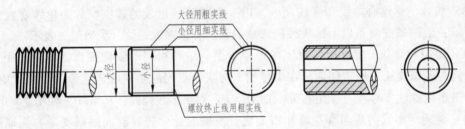

图 7-6 外螺纹的画法

2. 内螺纹的画法

在投影为非圆的视图中，内螺纹一般应采用剖视图。在剖视图中，内螺纹大径（牙底）用细实线画；内螺纹小径（牙顶）用粗实线画，螺纹的终止线用粗实线画；头部应画倒角，剖面线画到粗实线。内螺纹在不剖开时，大径线、小径线、螺纹终止线全部用虚线画出。如图 7-7 所示。

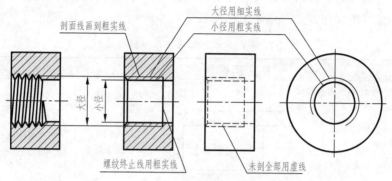

图 7-7 内螺纹的画法

在投影为圆的视图上，表示螺纹小径的粗实线圆要画完整，而表示螺纹大径的细实线圆只画 3/4 圈，倒角圆省略不画。

绘制不穿通的螺孔时，一般应将钻孔深度和螺纹部分的深度分别画出，如图 7-8a 所示。当需要表示螺纹收尾时，螺尾部分的牙底用与轴线成 30° 的细实线表示，如图 7-8b 所示。

3. 螺纹联接的画法

内外螺纹旋合在一起时，称为螺纹联接。在剖视图中，内外螺纹旋合的部分应按外螺纹的画法绘制，其余部分仍按各自的画法表示。应注意，表示内外螺纹大径的细实线和粗实线，以及表示内外螺纹小径的粗实线和细实线必须分别对齐，如图 7-9 所示。

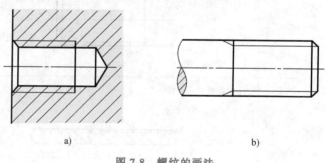

图 7-8 螺纹的画法

a）不通螺孔的画法 b）螺尾的画法

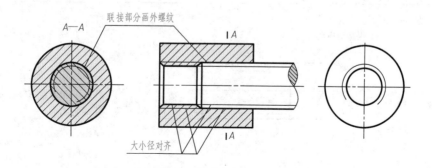

图 7-9 螺纹联接的画法

7.1.3 螺纹的标注和种类

螺纹的分类方法很多。通常按牙型分为普通螺纹、梯形螺纹、锯齿形螺纹、矩形螺纹和管螺纹等；按用途又可分为联接螺纹和传动螺纹两类。联接螺纹包括粗牙普通螺纹、细牙普通螺纹、密封管螺纹和非密封管螺纹。传动螺纹是用作传递动力或运动的螺纹。

各种常用螺纹的标注方法与标注图例见表7-1。

表 7-1　常用螺纹的标注方法与标注图例

螺纹种类	标 注 图 例	说 明
普通螺纹	1. 粗牙普通螺纹 M10-7H-L-LH └─ 中径和顶径公差带代号	粗牙螺纹螺距不标注，LH左旋，中径和顶径公差带相同，只标注一个代号7H
	2. 细牙普通螺纹 M10×1.5-5g6g M10×1.5-5g6g	细牙螺纹螺距必须标注，右旋省略不标，中径和顶径公差带不同，分别标注5g与6g
55° 非密封管螺纹	55°非密封管螺纹 G1/2A 公差等级为A级 G1/2A，左旋时标LH	尺寸代号为1/2的A级右旋外螺纹，左旋时标LH
梯形螺纹	1. 单线梯形螺纹 Tr40×7 Tr40×7 └─ 螺距 └─ 公称直径	梯形螺纹，螺距7mm，线数1，旋向右旋

（续）

螺纹种类	标注图例	说明
梯形螺纹	2. 多线梯形螺纹 Tr40×14(P7)LH Tr40×14(P7)LH 左旋 螺距 导程 公称直径	梯形螺纹,导程 14mm,螺距 7mm,线数 2,旋向左旋
锯齿形螺纹	锯齿形螺纹 B40×14(P7) B40×14(P7) 螺距 导程 公称直径	锯齿形螺纹,螺距 7mm,右旋

7.2 常用螺纹紧固件的规定画法和标记

用螺纹起联接和紧固作用的零件称为螺纹紧固件。常用螺纹紧固件有螺栓、双头螺柱、螺钉、螺母和垫圈等，它们的结构和尺寸均已标准化，由专门的标准件厂成批生产。常用螺纹紧固件的标注示例见表 7-2。

表 7-2 常用螺纹紧固件的标注示例

名称	图例	标记及说明
六角头螺栓	M10 50	螺栓 GB/T 5782 M10×50 表示 A 级，螺纹规格 d = 10mm,公称长度 l = 50mm
双头螺柱	A型 M10 b_m 45	螺柱 GB/T 897 A M10× 45 表示 A 型双头螺柱,螺纹规格 d = 10mm,公称长度 l = 45mm。若为 B 型,则省略标记 "B"

（续）

名称	图　例	标记及说明
开槽盘头螺钉	M10　50	螺钉　GB/T 67　M10×50 公称长度在 40mm 以内时为全螺纹
开槽沉头螺钉	M10　50	螺钉　GB/T 68　M10×50 公称长度在 45mm 以内时为全螺纹
开槽锥端紧定螺钉	M12　35	螺钉　GB/T 71　M12×35
1 型六角螺母 A 和 B 级	M12	螺母　GB/T 6170　M12
平垫圈 A 级	φ13	垫圈　GB/T 97.1　12 规格 12mm、硬度等级为 200HV 的 A 级平垫圈
标准型弹簧垫圈	S　65°～80°　b　φ16　H	垫圈 GB/T 93 16 规格 16mm、表面氧化的标准型弹簧垫圈

7.2.1 螺栓联接

螺栓联接由螺栓、螺母、垫圈等组成,用于联接两个不太厚的并允许钻成通孔的零件。如图 7-10 所示。

1. 单个螺纹紧固件的画法

单个螺纹紧固件的简化画法如图 7-11 ~ 图 7-13 所示,分别为螺栓、螺母、垫圈的简化画法。

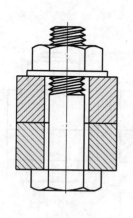

图 7-10 螺栓联接

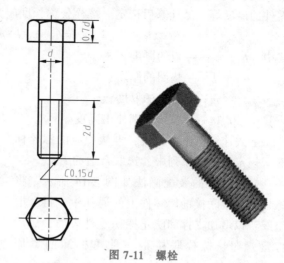

图 7-11 螺栓

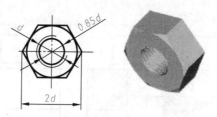

图 7-12 螺母

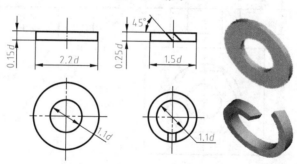

图 7-13 垫圈

2. 螺栓联接的画法

1）绘制螺纹紧固件联接装配图时，应遵守下列规定：

a. 两零件的接触面只画一条线，不接触表面应画两条线。

b. 在剖视图中，相邻两零件的剖面线方向应相反，或者方向一致但间隔不等，同一零件在不同剖视图中剖面线的方向、间隔应相同。

c. 剖切面通过标准件或实心杆件的轴线或对称平面时，这些零件均按不剖绘制。

2）螺栓联接。螺栓的公称长度 l，应查阅垫圈、螺母的规格得出 h、m，再加上被联接零件的厚度等，经计算后选定。螺栓公称长度应为

$$l = h_1 + h_2 + h + m + 0.3d$$

式中　h_1、h_2——板的厚度；

　　　　h——垫圈的厚度；

　　　　m——螺母的厚度；

　　0.3d——螺栓末端伸出高度。

上式计算得出数值后，再从相应的螺栓标准所规定的长度系列中，选取合适的 l 值。

螺栓联接的装配画法如图 7-14 所示。将螺栓穿入被联接的两零件上的通孔中，再套上垫圈，以增加支撑和防止擦伤零件表面，然后拧紧螺母。螺栓联接是一种可拆卸的紧固方式。

为了保证装配方便，被联接零件上的孔径应比螺纹大径略大些，按 1.1 倍大径画出。

3）螺栓联接的简化画法。螺栓联接的简化画法如图 7-15 所示。

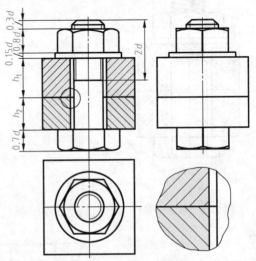

图 7-14　螺栓联接的装配画法

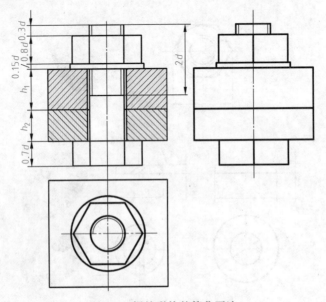

图 7-15　螺栓联接的简化画法

7.2.2 双头螺柱联接

双头螺柱联接是由双头螺柱、螺母、垫圈组成的。当被联接的两个零件中有一个较厚，不易钻成通孔时，可制成螺纹孔，用螺柱联接。螺柱联接的示意图如图7-16a所示。画图时要注意旋入端应完全旋入螺纹孔中，旋入端的螺纹终止线应与两个被联接零件接触面平齐。螺柱联接画法如图7-17a所示，图7-17b所示为常见画法错误示例。

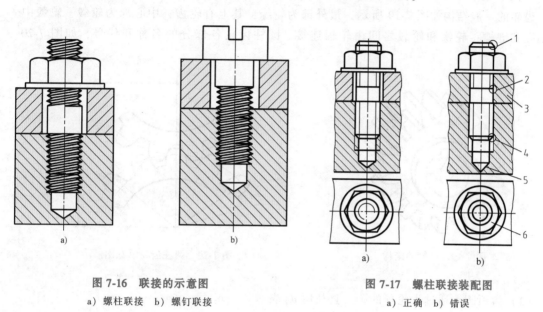

图 7-16 联接的示意图

a) 螺柱联接 b) 螺钉联接

图 7-17 螺柱联接装配图

a) 正确 b) 错误

7.2.3 螺钉联接

螺钉联接多用于受力不大的零件的联接，且不经常拆装的场合。被联接件之一为通孔，而另一零件一般为不通的螺纹孔。图7-18所示为常见螺钉联接装配图。

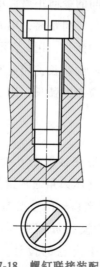

图 7-18 螺钉联接装配图

7.3 齿轮的几何要素和规定画法

7.3.1 圆柱齿轮的参数

1. 圆柱齿轮各部分的名称

齿轮的一般结构如图 7-19 所示，最外部为轮缘，其上有轮齿；中心部为轮毂，轮毂中有轴孔和键槽；轮缘和轮毂之间由轮辐连接。圆柱齿轮各部分的名称和代号，如图 7-20 所示。

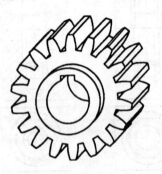

图 7-19 齿轮的结构

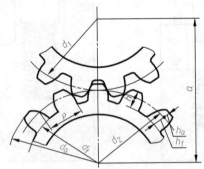

图 7-20 圆柱齿轮示意图

（1）齿顶圆　通过齿轮顶的圆，直径用 d_a 表示。

（2）齿根圆　通过齿轮根的圆，直径用 d_f 表示。

（3）分度圆　分度圆是设计制造齿轮时进行各部分尺寸计算的基准圆，也是分齿的基准圆，所以称为分度圆，直径用 d 表示。

（4）齿顶高　齿顶圆与分度圆之间的径向距离，用 h_a 表示。

（5）齿根高　齿根圆与分度圆之间的径向距离，用 h_f 表示。

（6）齿高　齿顶圆与齿根圆之间的径向距离，用 h 表示。

（7）齿厚　一个齿轮在分度圆上的弧长，用 s 表示。

（8）齿槽宽　在分度圆上，两齿间的弧长，用 e 表示。

（9）齿距　分度圆上相邻两齿对应点的弧长，用 p 表示（$p=s+e$）。

2. 直齿圆柱齿轮的基本参数

（1）齿数 z　轮齿的数量。

（2）压力角　两个啮合的轮齿齿廓在接触点 C 处的受力方向与运动方向的夹角，用 α 表示。我国标准齿轮的压力角 $\alpha=20°$（压力角通常指分度圆压力角）。

（3）模数 m　模数 m 是设计、制造齿轮的重要参数。由于齿轮的分度圆周长 $=zp=\pi d$，则 $d=zp/\pi$，为计算方便，将 p/π 称为模数 m，则 $d=mz$，单位为 mm。齿轮模数数值已经标准化，模数标准化后，将大大有利于齿轮的设计、计算与制造。我国规定的标准模数见表 7-3。

表 7-3　标准模数（摘自 GB/T 1357—2008）　　　　　　　　　　（单位：mm）

第Ⅰ系列	1,1.25,1.5,2,2.5,3,4,5,6,8,10,12,16,20,25,32,40,50
第Ⅱ系列	1.125,1.375,1.75,2.25,2.75,3.5,4.5,5.5,(6.5),7,9,11,14,18,22,28,35,45

注：选用圆柱齿轮模数时，应优先选用第Ⅰ系列，其次选第Ⅱ系列，括号内的模数尽可能不用。

（4）直齿圆柱齿轮各部分尺寸计算　标准直齿圆柱齿轮的轮齿各部分尺寸，可根据模数和齿数来确定，其计算公式见表 7-4。

表 7-4　标准直齿圆柱齿轮各部分尺寸计算

名称及代号	计算公式	名称及代号	计算公式
模数 m	$m = p/\pi$ 并按表 7-3 取标准值	分度圆直径 d	$d = mz$
齿顶高 h_a	$h_a = m$	齿顶圆直径 d_a	$d_2 = d + 2h_a = m(z+2)$
齿根高 h_f	$h_f = 1.25m$	齿根圆直径 d_f	$d_f = d - 2h_f = m(z-2.5)$
齿高 h	$h = h_a + h_f = 2.25m$	中心距 a	$a = (d_1 + d_2)/2 = m(z_1 + z_2)/2$

7.3.2　圆柱齿轮的规定画法

1. 单个齿轮的画法

单个齿轮的画法，一般用主视图和全剖的左视图来表示，如图 7-21 所示。

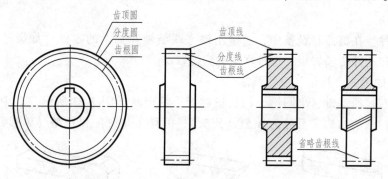

图 7-21　单个齿轮的画法

1）齿顶圆和齿顶线用粗实线绘制，分度圆和分度线用细点画线绘制，齿根圆和齿根线用细实线绘制，也可省略不画。

2）在剖视图中，当剖切平面通过齿轮的轴线时，轮齿一律按不剖处理，齿根线画成粗实线。

3）对斜齿和人字齿的齿轮，需要表示齿线特征时，可用三条与齿线方向一致的相互平行的细实线表示。

2. 两圆柱齿轮啮合的画法

两标准圆柱齿轮啮合时，两齿轮的分度圆处于相切位置，此时分度圆也称节圆。两齿轮啮合时，除啮合区外，其余部分均按单个齿轮绘制。啮合区按以下规定绘制：

1）在垂直于圆柱齿轮轴线的投影的视图中，两节圆应相切，啮合区的齿顶圆均用粗实线绘制，也可省略不画，如图 7-22 所示。

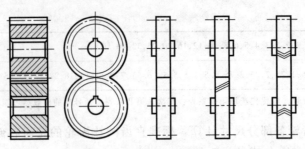

图 7-22　圆柱齿轮啮合的画法

2）在平行于圆柱齿轮轴线的投影面的视图中，啮合区内的齿顶线和齿根线不需要画出，节线用粗实线绘制。

3）在剖视图中，当剖切面通过两啮合齿轮的轴线时，在啮合区内，将一个齿轮的轮齿用粗实线绘制，另一个齿轮的轮齿被遮挡的部分用虚线绘制，也可省略不画。

7.4　键与销

7.4.1　键联结

1. 键的作用

键是标准件。在机器和设备中，通常用键来联结轴和轴上的零件（如齿轮、带轮等），使它们能一起转动并传递转矩。这种联结称为键联结。

2. 常用键的形式、标记和联结画法

常用的键有普通平键、半圆键、钩头楔键等，其形状如图 7-23 所示，其中普通平键最为常见，按照键槽的结构又可分为 A 型（圆头）、B 型（方头）和 C 型（单圆头）三种。

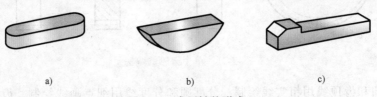

a)　　　　　　　　　　　b)　　　　　　　　　　　c)

图 7-23　常用键的形式

a）普通平键　b）半圆键　c）钩头楔键

常用键的标准编号、画法及其标记示例见表 7-5。

表 7-5　常用键的图例和标记

名称及标准编号	图　例	标记示例	说明
普通型　平键 GB/T 1096—2003	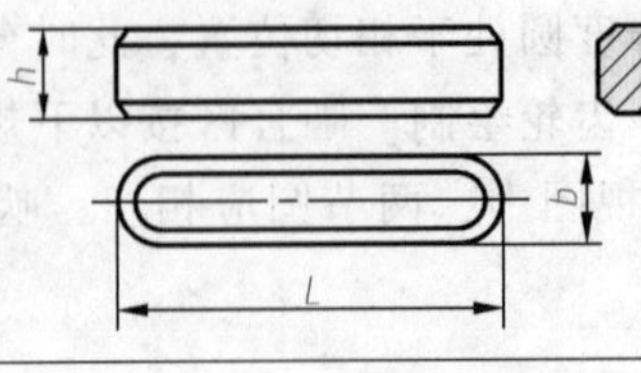	GB/T 1096　键 $b×h×L$	A 型

（续）

名称及标准编号	图　　例	标记示例	说明
普通型　半圆键 GB/T 1099.1—2003		GB/T 1099.1　键 $b×h×D$	
钩头型　楔键 GB/T 1565—2003		GB/T 1565 键 $b×L$	

设计时，首先应确定轴的直径、键的形式、键的长度，然后根据轴的直径 d 查阅标准选择键，确定键槽尺寸。图 7-24、图 7-25 所示为普通平键和半圆键联结画法。根据国家标准规定，轴和键在主视图上均按不剖绘制，为了表示键在轴上的联结情况，轴采用局部剖视，普通平键和半圆键的两侧面为工作面，键与键槽两侧面相接触，应画一条线，而键与轮毂槽的键槽顶面间应留有空隙，故画成两条线。

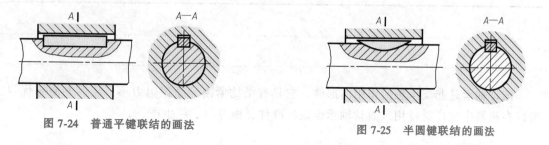

图 7-24　普通平键联结的画法　　　　　　　　图 7-25　半圆键联结的画法

3. 键槽的画法及尺寸标注

键是标准件，键的参数一旦确定，轴和轮毂上键槽的尺寸应查阅有关标准确定，键槽的画法和尺寸标注如图 7-26 所示。键槽的宽度 b、轴上的槽深 t_1 和轮毂上的槽深 t_2，根据轴的直径可在附录中查取。

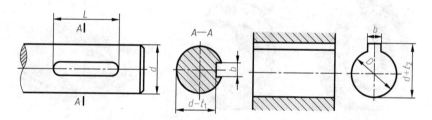

图 7-26　轴和轮毂上键槽的画法

7.4.2 销联接

销是标准件。通常用于零件间的联接或定位，常用的销有圆柱销、圆锥销、开口销等。其中开口销常用在螺纹联接的锁紧装置中，以防止螺母的松脱。

常用销的画法和标记示例见表7-6。

表 7-6　常用销的画法和标记示例

名称	图　例	标记示例	说　明
圆柱销		销　GB/T 119.2　*d×l*	圆柱销分为 A 型和 B 型
圆锥销		销　　GB/T 117　*d×l*	圆锥销按表面加工要求不同，分为 A、B 两种形式 公称直径指小端直径
开口销		销　　GB/T 91　*d×l*	公称规格指与之相配的销孔直径，故开口销实际尺寸小于公称规格

7.5　轴承

滚动轴承是起支承轴的作用的部件。它具有结构紧凑、摩擦阻力小、装拆方便等优点，所以在机器中被广泛使用。滚动轴承也是标准件，由专门工厂生产。

7.5.1　滚动轴承的种类和规定画法

1. 滚动轴承的种类

滚动轴承的种类很多，但其结构大体相同。如图 7-27 所示，轴承一般由外（上）圈、

图 7-27　滚动轴承的结构

内（下）圈和排列在内（上）、外（下）圈之间的滚动体（有钢球、圆柱滚子、圆锥滚子等）及保持架四部分组成。一般情况下，外圈装在机器的孔内，固定不动；内圈套在轴上，随轴转动。

滚动轴承根据受力的不同，可分为：

向心轴承——主要承受径向力，如深沟球轴承。

推力轴承——主要承受轴向力，如推力球轴承。

向心推力轴承——同时承受径向力和轴向力，如圆锥滚子轴承。

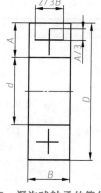

图 7-28 深沟球轴承的简化画法

2. 滚动轴承的画法

1）滚动轴承是标准件，在装配图中通常采用简化画法（特征画法），如图 7-28 所示的深沟球轴承的简化画法。

2）主要参数 d（内径），D（外径），B（宽度）。d、D、B 根据轴承代号在画图前查标准确定。常用三种滚动轴承的画法见表 7-7。

表 7-7 常用滚动轴承的画法

名 称	画 图 步 骤	规 定 画 法
深沟球轴承	1. 由 D、B 画轴承外轮廓 2. 由 $(D-d)/2=A$ 画内外圈断面 3. 由 $A/2$、$B/2$ 定球心，画滚球 4. 由球心作 60° 斜线，求两交点 5. 自所求两交点作内（外）圈的内（外）轮廓	
圆锥滚子轴承	1. 由 D、d、B、T、C 画轴承外轮廓 2. 由 $(D-d)/2=A$ 画内外圈断面 3. 由 $A/2$、$T/2$ 及 15°线定滚子轴线 4. 由 $A/2$、$A/4$、C 作滚子外形 5. 完成内外圈的轮廓	

（续）

名称	画图步骤	规定画法
推力球轴承	1. 由 D、T 画轴承外轮廓 2. 由 $(D-d)/2 = A$ 画上下圈断面 3. 由 $A/2$、$T/2$ 定球心，画滚球 4. 由球心作 60°斜线，求两交点 5. 自所求两交点作上下圈的轮廓	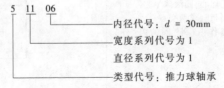

7.5.2　滚动轴承的标记

基本代号一般由 5 位数字组成，从右边数起，它们的含义是：

当 $10mm \leqslant d \leqslant 495mm$ 时，第一、二位数表示轴承的内径（代号数字<04 时，即 00、01、02、03 分别表示内径 d = 10、12、15、17mm；代号数字≥04 时，代号数字乘以 5，即为轴承内径）；第三、四位数为轴承内径系列代号，其中第三位表示直径系列，第四位表示宽度系列，即在内径相同时，有各种不同的外径和宽度，可查阅有关标准；第五位数表示轴承的类型。

例如：轴承型号为 51106，它所表示的意义为：

$$5 \quad 11 \quad 06$$

—— 内径代号：d = 30mm
—— 宽度系列代号为 1
—— 直径系列代号为 1
—— 类型代号：推力球轴承

7.6　弹簧

弹簧属于常用件。它主要用于减振、夹紧、承受冲击、储存能量（如钟表发条）和测力等。其特点是受力后能产生较大的弹性变形，去除外力后能恢复原状。常用的螺旋弹簧按其用途可分为压缩弹簧、拉伸弹簧和扭转弹簧，如图 7-29 所示。

图 7-29　常用的螺旋弹簧

7.6.1 圆柱螺旋压缩弹簧的各部分的名称及尺寸关系

1）有效圈数 n：保持相等节距，产生弹力的圈数（计算弹簧总变形量的圈数）。

2）总圈数 n_1：沿螺旋线两端间的螺旋圈数；$n_1 = n_2 + n$。

3）支承圈数 n_2：弹簧端部用于支承或固定的圈数。

4）线径 d：用于缠绕弹簧的钢丝直径。

5）弹簧中径 D：弹簧内径和外径的平均值。

6）弹簧内径 D_1：弹簧内径直径，$D_1 = D - d$。

7）弹簧外径 D_2：弹簧外径直径，$D_2 = D + d$。

8）节距 t：螺旋弹簧两相邻有效圈截面中心线的轴向距离。

9）自由高度 H_0：弹簧无负荷作用时的高度，$H_0 = nt + (n_2 - 0.5)d$。

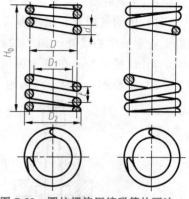

图 7-30 圆柱螺旋压缩弹簧的画法

7.6.2 圆柱螺旋压缩弹簧的规定画法

1. 单个弹簧的画法（图 7-30）

1）在平行于轴线的投影面上，弹簧各圈的轮廓线画成直线。

2）左旋弹簧允许画成右旋，但要加注"左"字（包括画成左旋）。

3）有效圈数在四圈以上的弹簧，中间各圈可省略不画，而用通过中径线的点画线连接起来。

4）弹簧两端的支承圈，不论多少，都按图中形式画出。

作图步骤，如图 7-31 所示。

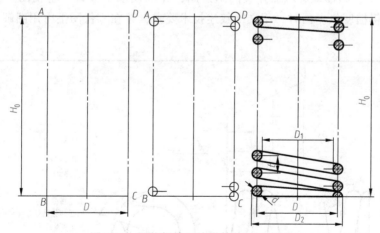

图 7-31 圆柱螺旋压缩弹簧的画图步骤

① 根据 D、H_0 画矩形。

② 画出支承圈部分的圆和半圆。直径 = 线径。

③ 画出有效圈部分的圆。

④ 按右旋方向作相应圆的公切线及剖面线。

⑤ 整理并加深，完成作图。

2. 在装配图中弹簧的画法

1）中间各圈取省略画法后，后面被挡住的结构一般不画。可见部分只画到弹簧钢丝的剖面轮廓或中心线处（图7-32a）。

2）线径≤2mm 的断面可用涂黑表示（图7-32b）。

3）线径<1mm 时，可采用示意画法（图7-32c）。

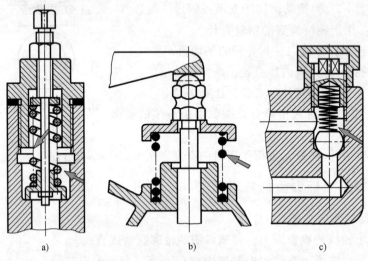

图 7-32　装配图中弹簧的表示方法

7.6.3　圆柱螺旋压缩弹簧画法示例

图7-33 所示为圆柱螺旋压缩弹簧的示意图，在轴线水平放置的主视图上，应注出完整的尺寸和表面粗糙度值。同时，用文字叙述技术要求，并在零件图上方用图解表示弹簧受力时的压缩长度。

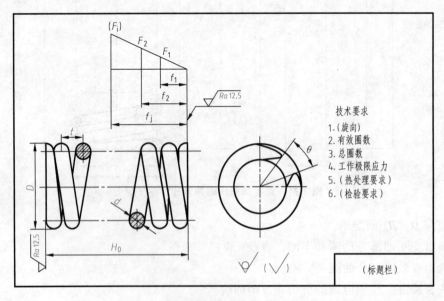

图 7-33　圆柱螺旋压缩弹簧

第 8 章

零 件 图

任何机器和部件都是由零件装配而成，表达单个零件结构、形状、大小及技术要求的图样，称为零件图。本章主要介绍零件图的内容、零件结构的工艺性以及零件图的视图选择等内容。

8.1 零件图的内容

零件图是制造和检验零件的主要依据，是设计和生产过程中的重要技术资料。从零件的毛坯制造、机械加工工艺路线的制定、毛坯图和工序图的绘制、工具和量具的设计到加工检验等，都要根据零件图来进行。

如图 8-1 所示，一张完整的零件图一般包括以下内容：

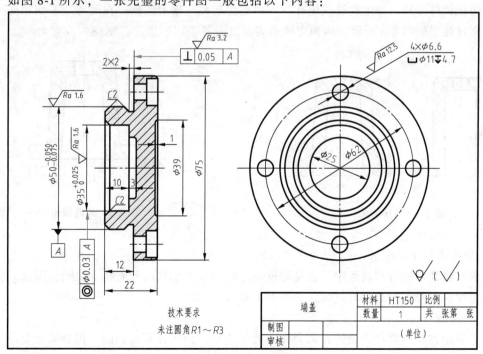

图 8-1 零件图的内容

1. 一组图形

综合运用视图、剖视图和断面图等各种表达方法，正确、完整、清晰、简便地表达出零件的内外结构形状。

2. 一组尺寸

标注出零件的定形、定位等全部尺寸，用以确定零件各部分结构形状的大小和相对位置。

3. 技术要求

说明零件在制造、检验和安装时应达到的各项技术要求，如表面粗糙度、尺寸公差、几何公差及热处理要求等。

4. 标题栏

一般画在图框的右下角，说明零件的名称、材料、数量、比例、图号、制图者姓名、日期等内容。

8.2 零件结构的工艺性简介

8.2.1 铸造工艺对零件结构的要求

1. 起模斜度

为了便于把模样从砂型中取出，铸件壁沿起模方向应带有斜度。若斜度较小，在图上可不必画出；若斜度较大，则应画出，如图8-2所示。

2. 铸造圆角

为防止铸件冷却时产生裂纹或缩孔，同时避免起模时砂型落砂，在两铸造表面相交处均应以圆角过渡。如图8-3所示。两相交铸造表面之一若经切削加工，则应画成直角。

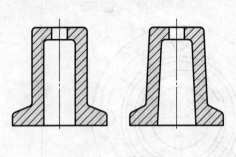

图8-2 起模斜度

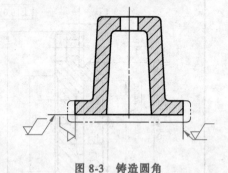

图8-3 铸造圆角

3. 壁厚均匀

铸件在浇注后的冷却过程中，容易因壁厚不均匀而产生裂纹和缩孔等缺陷，因此，铸件各处的壁厚应尽量均匀或逐渐过渡，如图8-4所示。

4. 过渡线

由于铸造圆角的存在，使铸件两表面交线不明显。为区分不同表面，仍要画出交线，但交线的两端不与轮廓线的圆角相交，这种交线通常称为过渡线，如图8-5所示。

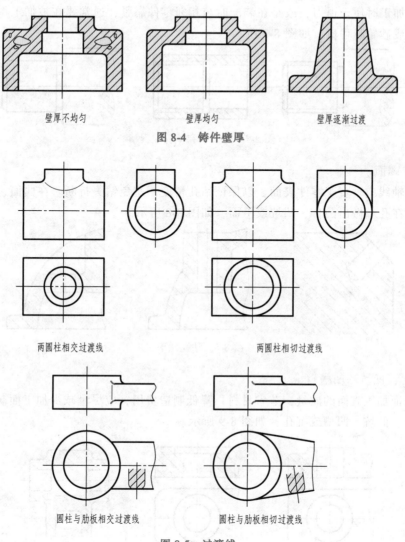

壁厚不均匀　　　　　　　壁厚均匀　　　　　　壁厚逐渐过渡

图 8-4　铸件壁厚

两圆柱相交过渡线　　　　　　　　两圆柱相切过渡线

圆柱与肋板相交过渡线　　　　　圆柱与肋板相切过渡线

图 8-5　过渡线

8.2.2　机械加工工艺对零件结构的要求

1. 倒角

为便于装配，且保护零件表面不受损伤，一般在轴端、孔口处加工出倒角，如图 8-6 所示。

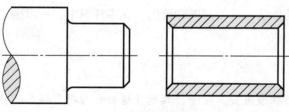

图 8-6　倒角

2. 退刀槽和砂轮越程槽

为了在加工时便于退刀，或是在装配时与相邻零件靠紧，通常要在被加工零件上预先加工出退刀槽或砂轮越程槽，如图8-7所示。

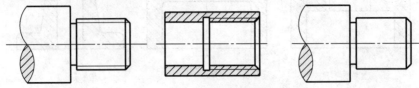

图8-7 退刀槽和砂轮越程槽

3. 钻孔端面

被钻孔轴线应垂直于零件表面，以保证钻孔精度，避免钻头折断。在曲面、斜面上钻孔时，一般应在孔端做出凸台、凹坑或平面，如图8-8所示。

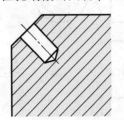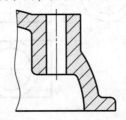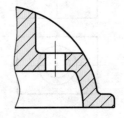

图8-8 钻孔端面

4. 凸台、凹坑和凹槽

为了保证加工表面的质量，节省材料，降低制造费用，应尽量减少加工面。常在零件上设计出凸台、凹坑、凹槽或沉孔，如图8-9所示。

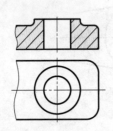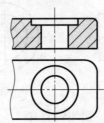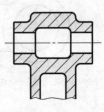

图8-9 凸台、凹坑和凹槽

8.3 零件图的视图选择

零件视图的选择原则为：在正确、清晰、完整地表达零件内外结构形状及相互位置的前提下，尽可能减少视图的数量，以便画图和读图。在零件图中，可以采用前面章节学过的所有的形体表达方法。

8.3.1 零件视图表达方案的选择

主视图是表达零件形状最重要的视图，其选择是否合理将直接影响其他视图的画法及加工时是否方便看图。

1. 主视图的选择

选择主视图时应首先确定零件的摆放位置，再确定投射方向。

（1）零件的摆放位置 零件图是用来加工制造零件用的。因此，主视图所表达的零件位置，最好和该零件在加工时的位置一致，操作者能较容易地想象出零件的工作状况，便于读图，如图 8-10 所示的轴套类和盘盖类零件。

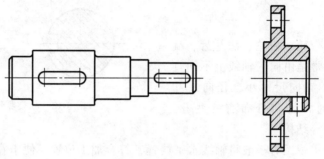

图 8-10 主视图符合加工位置

当有些零件结构较复杂，加工面较多时，需要在各种不同的机床上加工，加工时的装夹位置也各不相同，这时主视图应该按照该零件在机器上的工作位置画出，以便和装配图直接对照，如叉架类（图 8-11）和箱体类零件。

（2）主视图的投射方向 主视图是最主要的视图，应该选择最能反映零件形状特征的方向作为主视图的投射方向，在主视图上尽可能多地表示出零件内外结构形状以及零件各部分之间的相对位置关系。

2. 其他视图的选择

主视图确定后，要分析该零件还有哪些形状和结构没有表达完全，再考虑选择适当的其他视图、剖视图、断面图和局部视图等表达方法，将该零件表达完全、清楚。

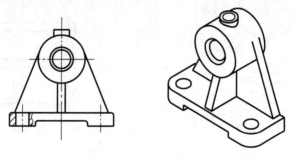

图 8-11 主视图符合工作位置

8.3.2 典型零件的视图选择

零件就其结构特点来分析，大体上可以分为：轴套类、盘类、叉架类、箱体类等。

1. 轴套类零件

轴套类零件通常是由若干段直径不等的圆柱体组成，轴向尺寸大，径向尺寸小。轴上常有螺纹、键槽、退刀槽、砂轮越程槽、轴肩、倒圆、倒角、中心孔等结构。

轴套类零件的主视图画成水平位置，即轴线水平放置，符合加工位置，便于看图。一般只用一个主视图来表示其主要结构，主视图没有表达清楚的局部结构，可采用断面图（图 8-12）、局部视图、局部剖视图、局部放大图来表示。

2. 盘类零件

盘类零件包括带轮、齿轮、法兰盘、端盖等。此类零件通常是由同一轴线上不同直径的圆柱体组成，轴向尺寸小，径向尺寸大。盘类零件上通常均匀分布有一些孔、槽、加强肋和轮辐等结构。

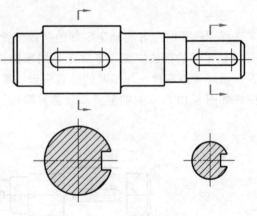

图 8-12 轴类零件视图

盘类零件选择主视图时一般将轴线水平放置，符合加工位置，便于看图。此类零件一般采用两个基本视图，主视图常用剖视图表示孔、槽等结构，另一视图表示零件的外形轮廓和其他组成部分，如孔、肋、轮辐等的相对位置，如图 8-13 所示。

3. 叉架类零件

叉架类零件包括拨叉、连杆、支架等。这类零件的结构形状不规则，外形比较复杂，通常由工作部分、支承部分、连接部分组成。

叉架类零件选择主视图时，主要考虑工作位置。通常需要两个或两个以上的基本视图，并且要用局部视图、斜视图、断面图等表达零件的细部结构，如图 8-14 所示。

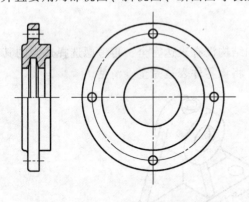

图 8-13 盘类零件视图

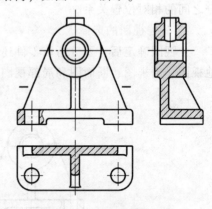

图 8-14 叉架类零件视图

4. 箱体类零件

常见的箱体类零件有机器的机体、机座等。这类零件结构一般都较为复杂，常带有各类孔、凸台、凹坑、凹槽和肋板等。

箱体类零件选择主视图时，主要考虑工作位置，并选择最能反映形状特征的方向作为投射方向，常采用全剖、半剖、阶梯剖、旋转剖来表达内部结构形状。该类零件一般需要两个以上的基本视图和一定数量的辅助视图来表达清楚内外结构，如图 8-15 所示。

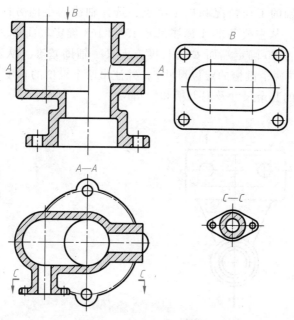

图 8-15　箱体类零件视图

8.4　零件图的尺寸标注

　　零件图中的尺寸是加工和检验零件的依据。标注尺寸时，既要尺寸完整、标注合理、布置清晰、符合国家标准中尺寸注法的规定，又要便于制造、测量、检验和装配。

8.4.1　尺寸基准及其选择

　　根据尺寸基准的作用不同，通常将尺寸基准分为设计基准和工艺基准两大类。

　　1）设计基准是在机器或部件中确定零件位置的面、线或点。如图 8-16 所示的轴承架，在机器中是用接触面 I 、III 和对称面 II 来定位的，以保证下面轴孔的轴线与对面另一个轴承架上轴孔的轴线在同一直线上，并使相对的两个轴孔的端面间的距离达到必要的精确度。因此，上述三个平面是轴承架的设计基准。从设计基准出发标注尺寸，能反映设计要求，保证零件在机器中的性能。

　　2）工艺基准是在加工或测量时，确定零件相对机床、工装或量具位置的面、线或点。如图 8-17 所示的套在车床上加工时，用其左端的大圆柱面来定位；而测量有关轴向尺寸 a、b、c 时，则以右端面为起点，因此，右端面就是工艺基准。从工艺基准出发标注尺寸，便于零件的加工和测量。

　　在标注尺寸时，最好能把设计基准和工艺基准统一起来，以满足设计与工艺要求。当两者不能统一时，以保证设计要求为主。

　　在选择尺寸基准时，必须根据零件在机器中的作用、装配关系，以及零件的加工方法、测量方法等情况来确定。当零件沿长、宽、高三个方向各有多于一个的尺寸基准时，分别只选一个设计基准作为主要尺寸基准，其余的尺寸基准是辅助尺寸基准。如图 8-18 所示减速器轴的尺寸标注，按轴的工作情况和加工特点，选择轴线为径向方向的尺寸基准，端面 *A* 为长度方向主要基准。从主要基准 *A* 标注尺寸 13 和 168 确定端面 *B*、*D* 为长度方向辅助基准。从基准 *B* 标注尺寸 80 确定端面 *C* 为长度方向又一辅助基准。从基准 *B* 标注尺寸 276；从基准 *C*、*D* 分别标注两个键槽的定位尺寸 5，并注出两个键槽的长度 50、70 。再按典型结构尺寸注法注出键槽的其余尺寸及退刀槽和倒角尺寸。

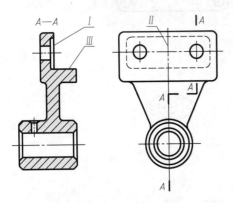

图 8-16　轴承架的设计基准

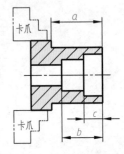

图 8-17　套的工艺基准

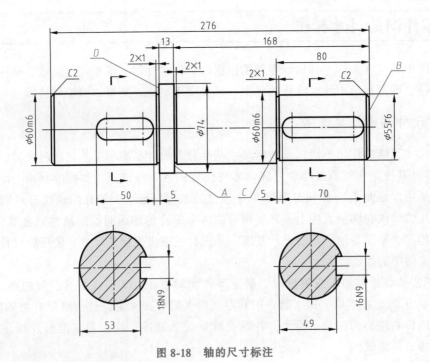

图 8-18　轴的尺寸标注

8.4.2　合理标注尺寸的要点

1）主要尺寸应直接标注，如功能尺寸、安装尺寸，以及同一方向两基准之间的联系尺寸等。

2）按工艺要求标注尺寸，如阶梯轴的轴向尺寸应按加工顺序标注。用同一方法加工的同一结构，尺寸尽可能集中标注，如键槽的尺寸。

3）铸件、锻件要按形体分析法标注尺寸，以便于制作模样。

4）避免出现封闭的尺寸链。

尺寸同一方向串联并头尾相接，会构成封闭的尺寸链，如图 8-19a 所示，这是错误的标注方法。按这样的尺寸进行加工，可能出现加工的累计误差超过设计许可的情况。所以在标注尺寸时，将最次要的一个尺寸空出不标（称开口环），形成开环式标注，如图 8-19b 所示，或注成带括号的参考尺寸。

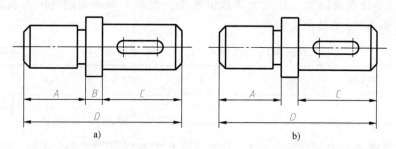

图 8-19　避免注成封闭尺寸链

a）错误　b）正确

8.5　零件图的技术要求

零件图的技术要求主要包括：表面结构、极限与配合、几何公差、热处理及其他有关制造的要求等。技术要求通常是用符号、代号或标记标注在图形上，或者用简明的文字注写在标题栏附近。本节就经常涉及的有关技术要求及其标注方法作简要介绍。

8.5.1　零件的表面结构

为保证零件在机器或部件中的使用性能，在机械图样中还需标出对该零件的各项表面结构要求。表面结构是表面粗糙度、表面波纹度、表面缺陷、表面纹理和表面几何形状的总称。表面结构的各项要求在图样上的表示法在 GB/T 131—2006 中均有具体规定。这里仅介绍表面粗糙度的表示法。

1. 表面粗糙度概念

表面粗糙度是指零件表面上所具有的较小间距和峰谷所组成的微观几何形状特征。

表面粗糙度是评定零件表面质量的一项重要技术指标，它对零件的配合、耐磨性、耐蚀性、密封性和外观等都有影响。因此在保证机器性能的前提下，应根据零件不同的作用，恰当地选择表面粗糙度参数及其数值。

2. 评定表面粗糙度的参数

评定零件粗糙度轮廓的主要高度参数是轮廓算术平均偏差 Ra 和轮廓最大高度 Rz。

轮廓算术平均偏差 Ra 是在取样长度 lr 内，纵坐标值 $Z(X)$ 绝对值的算术平均值。如图 8-20 所示。

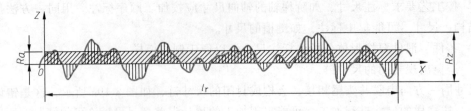

图 8-20　轮廓算术平均偏差 Ra 和轮廓最大高度 Rz

Ra 反映了零件表面的加工质量，其数值越小，被加工的表面越光滑，表面质量越高。轮廓算术平均偏差 Ra 的数值见表 8-1。

表 8-1　轮廓算术平均偏差 Ra 的数值　　　　　　　　　　　　（单位：μm）

0.012	0.025	0.05	0.1	0.2	0.4	0.8
1.6	3.2	6.3	12.5	25	50	100

轮廓最大高度 Rz 是在取样长度 lr 内，轮廓峰顶线与轮廓谷底线之间的距离。如图 8-20 所示。

3. 表面结构符号、代号及其注法

1）表面结构的符号及其含义，见表 8-2。

表 8-2　表面结构的符号及含义

符号	含义及说明
	基本图形符号，表示未指定工艺方法的表面，仅用于简化代号的标注，没有补充说明时不能单独使用
	扩展图形符号，基本符号加一短横，表示用去除材料的方法获得的表面
	扩展图形符号，基本符号加一圆圈，表示是用不去除材料的方法获得的表面
a)　b)　c)	完整图形符号，在图形符号的长边上加一横线，用于标注表面结构特征的补充信息，图 a 所示为允许采用任何工艺，图 b 所示为要去除材料，图 c 所示为不去除材料
	在完整图形符号上加一圆圈，表示某个视图上构成封闭轮廓的各表面有相同的表面结构要求

2）表面结构符号画法如图8-21所示，符号尺寸见表8-3。

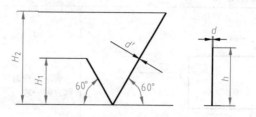

图 8-21　表面结构符号的画法

表 8-3　表面结构符号的尺寸　　　　　　　　　　（单位：mm）

字母线宽 d	0.25	0.35	0.5	0.7	1.4	1.4	2
数字与字母高度 h	2.5	3.5	5	7	10	14	20
符号线宽 d'	0.25	0.35	0.5	0.7	1	1.4	2
高度 H_1	3.5	5	7	10	14	20	28
高度 H_2	7.5	10.5	15	21	30	42	60

3）表面结构代号。在表面结构符号的基础上，标上表面粗糙度高度参数值及其他表面结构要求，如加工方法、加工余量、表面纹理方向等，即组成了表面结构代号，见表8-4。

表 8-4　表面结构代号

旧标准（GB/T 131—1993）	新标准（GB/T 131—2006）	意　　义
3.2	$\sqrt{Ra\,3.2}$	表示用任何方法获得，单向上限值，Ra 的上限值为 $3.2\mu m$
3.2	$\sqrt{Ra\,3.2}$	表示用去除材料方法获得，单向上限值，Ra 的上限值为 $3.2\mu m$
3.2	$\sqrt{Ra\,3.2}$	表示用不去除材料方法获得，单向上限值，Ra 的上限值为 $3.2\mu m$
3.2 1.6	$\sqrt{\begin{matrix}U\,Ra\,3.2\\L\,Ra\,1.6\end{matrix}}$	表示用去除材料方法获得，双向极限值，Ra 的上限值为 $3.2\mu m$，下限值为 $1.6\mu m$
$Ry3.2$	$\sqrt{Rz\,3.2}$	表示用去除材料方法获得，单向上限值，Rz 的上限值为 $3.2\mu m$

4）表面结构要求在图样中的注法。国家标准（GB/T 131—2006）规定了表面结构要求在图样中的注法，见表8-5。表面结构要求对每一表面一般只标注一次，并尽可能与相应的尺寸及其公差标注在同一视图上。除非另有说明，所标注的表面结构要求是对完工零件表面的要求。

表 8-5　表面结构标注方法

标 注 方 法	说　　　明
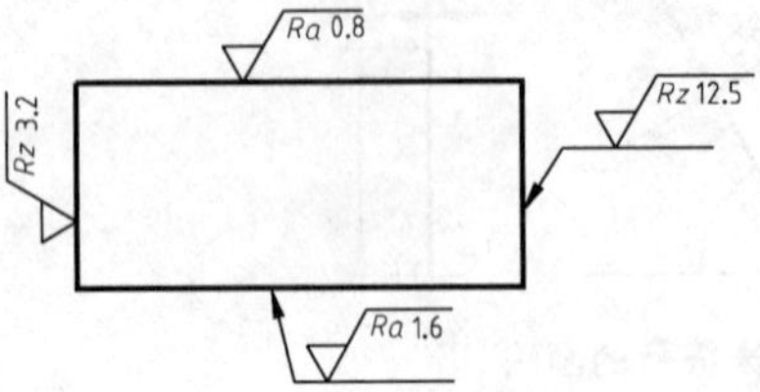	表面结构的注写和读取方向与尺寸的注写和读取方向一致
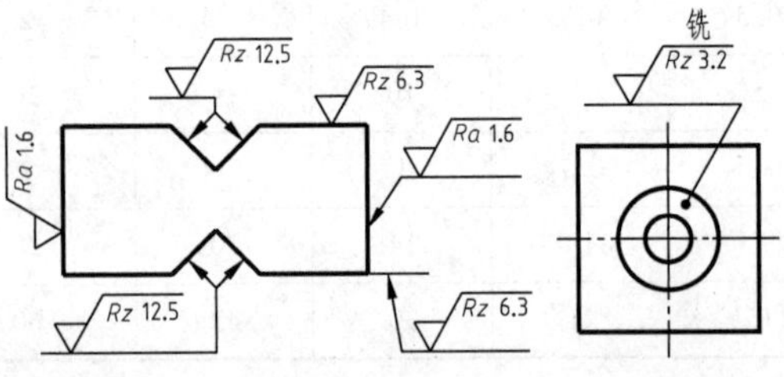 a)　　　　b)	表面结构要求可标注在轮廓线上,其符号应从材料外指向并接触表面,如图 a 所示。必要时,也可用带箭头或黑点的指引线引出标注,如图 a、b 所示
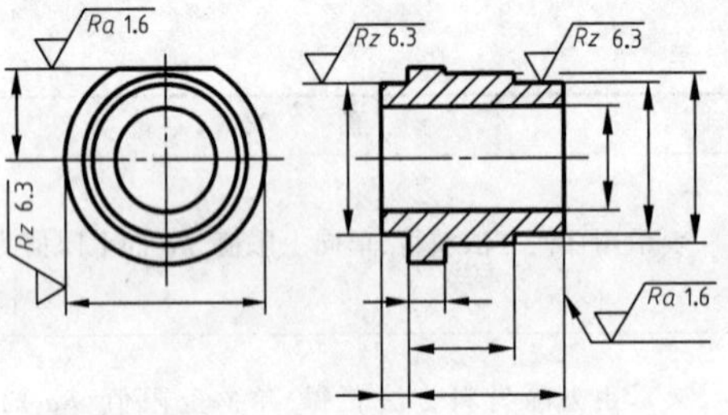	表面结构要求可直接标注在轮廓线的延长线上或尺寸界线上。对每一个表面一般只标注一次,并尽可能与相应的尺寸及其公差标注在同一视图上 如果各表面有不同的表面结构要求,则应分别单独标注
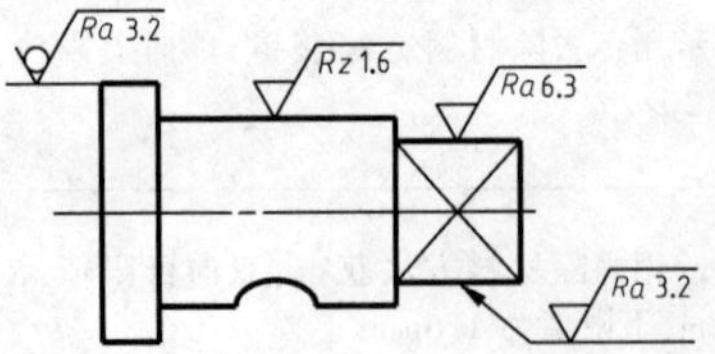	同一棱柱表面只标注一次,如果每个棱柱表面有不同的表面结构要求,则应分别单独标注
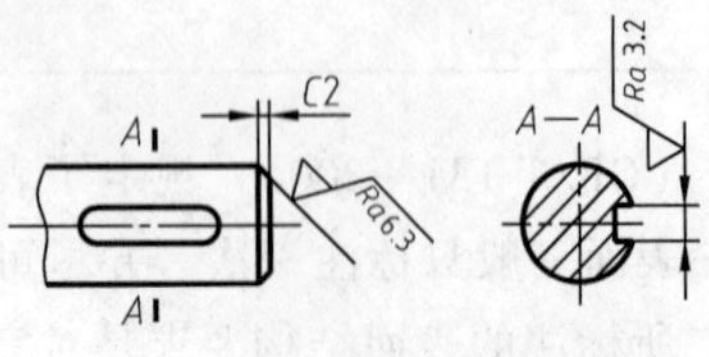	表面结构和尺寸可以标注在同一尺寸线上倒角表面结构要求注法如主视图所示

（续）

标 注 方 法	说　明
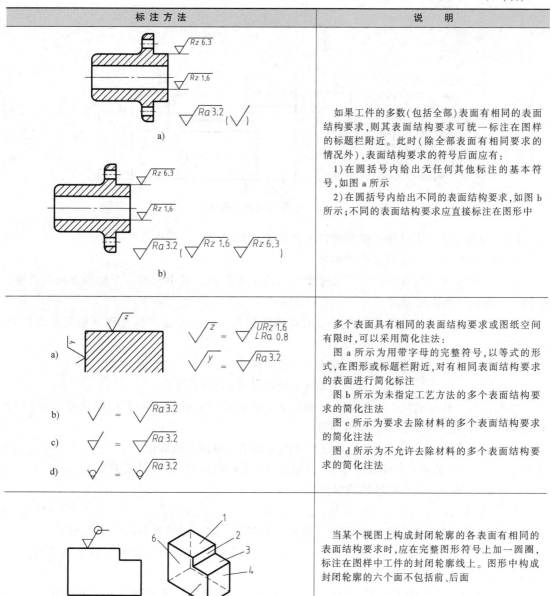	如果工件的多数(包括全部)表面有相同的表面结构要求,则其表面结构要求可统一标注在图样的标题栏附近。此时(除全部表面有相同要求的情况外),表面结构要求的符号后面应有: 1)在圆括号内给出无任何其他标注的基本符号,如图 a 所示 2)在圆括号内给出不同的表面结构要求,如图 b 所示;不同的表面结构要求应直接标注在图形中
	多个表面具有相同的表面结构要求或图纸空间有限时,可以采用简化注法: 图 a 所示为用带字母的完整符号,以等式的形式,在图形或标题栏附近,对有相同表面结构要求的表面进行简化标注 图 b 所示为未指定工艺方法的多个表面结构要求的简化注法 图 c 所示为要求去除材料的多个表面结构要求的简化注法 图 d 所示为不允许去除材料的多个表面结构要求的简化注法
	当某个视图上构成封闭轮廓的各表面有相同的表面结构要求时,应在完整图形符号上加一圆圈,标注在图样中工件的封闭轮廓线上。图形中构成封闭轮廓的六个面不包括前、后面

8.5.2　极限与配合

在现代化的大规模生产中，要求零件具有互换性，即在同一规格的一批零件中任取其一，不用经过修配和调整，装到机器或部件上就能保证其原定的性能要求。

1. 公差有关术语和定义

在实际生产中，为了使零件具有互换性，必须对尺寸规定一个允许的变动量，这个变动量称为尺寸公差，简称公差。关于尺寸公差的一些术语，以图 8-22 所示极限与配合示意图为例，做简要说明。

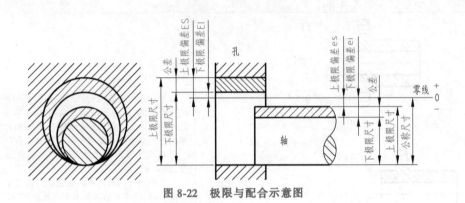

图 8-22 极限与配合示意图

（1）公称尺寸 由设计者根据设计需要所确定的尺寸。

（2）实际尺寸 实际测量获得的尺寸。

（3）极限尺寸 允许零件实际尺寸变化的两个极限值。其中大的一个称为上极限尺寸，小的一个称为下极限尺寸。

（4）偏差 某一尺寸减其公称尺寸所得的代数差。其中上极限偏差和下极限偏差称为极限偏差。

$$上极限偏差＝上极限尺寸-公称尺寸$$

$$下极限偏差＝下极限尺寸-公称尺寸$$

偏差代号 孔和轴的上极限偏差分别以 ES 和 es 表示；孔和轴的下极限偏差分别以 EI 和 ei 表示。偏差可以为正值、负值和零。

（5）尺寸公差（简称公差）：允许尺寸的变动量。可用下式表示

$$公差＝上极限尺寸-下极限尺寸＝上极限偏差-下极限偏差$$

尺寸公差是一个没有符号的绝对值。

2. 公差带图

图 8-23 所示为极限与配合示意图，简称公差带图。图中零线及公差带定义如下。

1）零线：在公差带图中，表示公称尺寸的一条直线，以其为基准确定偏差和公差。零线之上的偏差为正，零线之下的偏差为负。

2）公差带：在公差带图中，由代表上极限偏差、下极限偏差的两条直线所限定的一个区域。可直观地表示出公差的大小及公差带相对于零线的位置。

3. 标准公差与基本偏差（图 8-24）

1）标准公差是指国家标准列出的用以确定公差带大小的任意一公差。国家标准将公差等级分为 20 级，即 IT01、IT0、IT1～IT18，其代号由 IT 和数字组成。IT01 为最高尺寸公差等级，公差值最小；其余等级公差值依次增大，即精确程度依次降低。标准公差的数值见表 8-6。

2）基本偏差是确定公差带相对零线位置的那个极限偏差，它可以是上极限偏差或下极限偏差，一般指靠近零线

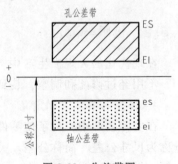

图 8-23 公差带图

的那个偏差。当公差带在零线上方时，基本偏差为下极限偏差；当公差带在零线下方时，基本偏差为上极限偏差。

表 8-6 标准公差数值（摘自 GB/T 1800.1—2009）

公称尺寸		标准公差等级																		
		IT01	IT0	IT1	IT2	IT3	IT4	IT5	IT6	IT7	IT8	IT9	IT10	IT11	IT12	IT13	IT14	IT15	IT16	IT17	IT18
大于	至	μm													mm						
—	3	0.3	0.5	0.8	1.2	2	3	4	6	10	14	25	40	60	0.10	0.14	0.25	0.40	0.60	1.0	1.4
3	6	0.4	0.6	1	1.5	2.5	4	5	8	12	18	30	48	75	0.12	0.18	0.30	0.48	0.75	1.2	1.8
6	10	0.4	0.6	1	1.5	2.5	4	6	9	15	22	36	58	90	0.15	0.22	0.36	0.58	0.90	1.5	2.2
10	18	0.5	0.8	1.2	2	3	5	8	11	18	27	43	70	110	0.18	0.27	0.43	0.70	1.10	1.8	2.7
18	30	0.6	1	1.5	2.5	4	6	9	13	21	33	52	84	130	0.21	0.33	0.52	0.84	1.30	2.1	3.3
30	50	0.6	1	1.5	2.5	4	7	11	16	25	39	62	100	160	0.25	0.39	0.62	1.00	1.60	2.5	3.9
50	80	0.8	1.2	2	3	5	8	13	19	30	46	74	120	190	0.3	0.46	0.74	1.20	1.90	3.0	4.6
80	120	1	1.5	2.5	4	6	10	15	22	35	54	87	140	220	0.35	0.54	0.87	1.40	2.20	3.5	5.4
120	180	1.2	2	3.5	5	8	12	18	25	40	63	100	160	250	0.40	0.63	1.00	1.60	2.50	4.0	6.3
180	250	2	3	4.5	7	10	14	20	29	46	72	115	185	290	0.46	0.72	1.15	1.85	2.90	4.6	7.2
250	315	2.5	4	6	8	12	16	23	32	52	81	130	210	320	0.52	0.81	1.30	2.10	3.20	5.2	8.1
315	400	3	5	7	9	13	18	25	36	57	89	140	230	360	0.57	0.89	1.40	2.30	3.60	5.7	8.9

注：公称尺寸小于 1mm 时，无 IT14 至 IT18。

国家标准规定了基本偏差系列，并根据不同的公称尺寸和基本偏差代号确定了轴和孔的基本偏差数值。基本偏差代号用拉丁字母表示，大写为孔，小写为轴，各有 28 个。图 8-25 所示是基本偏差系列。

图 8-24 标准公差与基本偏差

4. 公差带代号

公差带代号由基本偏差代号和公差等级数字组成。

如：H7 表示基本偏差代号为 H，公差等级 IT7 的孔公差带代号。

f6 表示基本偏差代号为 f，公差等级 IT6 的轴公差带代号。

5. 配合

配合是指公称尺寸相同并且相互结合的孔和轴公差带之间的关系。

国家标准将配合分为三类：

（1）间隙配合　具有间隙（包括最小间隙等于零）的配合。此时，孔的公差带在轴的公差带之上，如图 8-26 所示。当孔的下极限尺寸等于轴的上极限尺寸时，最小间隙为零。

（2）过盈配合　具有过盈（包括最小过盈等于零）的配合。此时，孔的公差带在轴的公差带之下，如图 8-27 所示。当孔的上极限尺寸等于轴的下极限尺寸时，最小过盈为零。

（3）过渡配合　可具有间隙或过盈的配合。此时，孔、轴的公差带相互交叠。如图 8-28 所示。

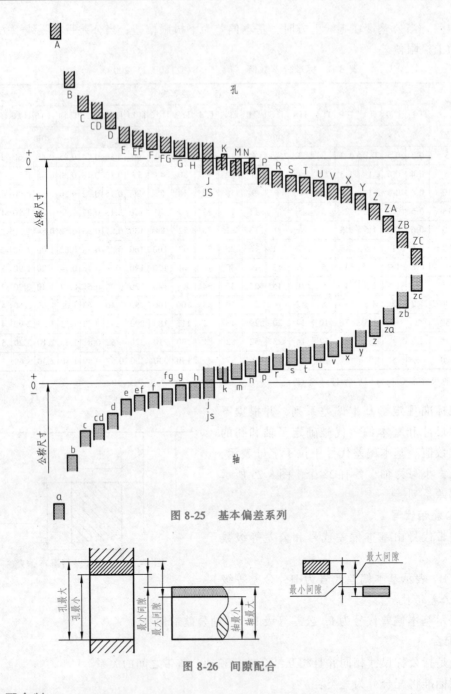

图 8-25　基本偏差系列

图 8-26　间隙配合

6. 配合制

国家标准规定了两种配合基准制度：基孔制配合和基轴制配合。

（1）基孔制配合　基本偏差为一定的孔的公差带，与不同基本偏差的轴的公差带形成各种配合的制度，如图 8-29 所示。

基孔制配合的孔为基准孔，用基本偏差代号"H"表示，孔的下极限尺寸与公称尺寸相等，其下极限偏差为零。

（2）基轴制配合　基本偏差为一定的轴的公差带，与不同基本偏差的孔的公差带形成

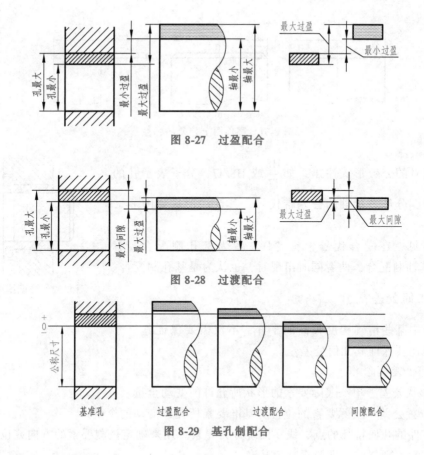

图 8-27 过盈配合

图 8-28 过渡配合

图 8-29 基孔制配合

各种配合的制度，如图 8-30 所示。

基轴制配合的轴为基准轴，用基本偏差代号 "h" 表示，轴的上极限尺寸与公称尺寸相等，其上极限偏差为零。

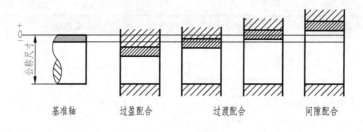

图 8-30 基轴制配合

7. 极限与配合在图样上的标注

（1）零件图上的标注　可按下列三种形式之一标注，如图 8-31 所示。

图 8-31a 所示是在公称尺寸后面注出公差带代号，如：$\phi30f7$。

图 8-31b 所示是在公称尺寸后面注出极限偏差数值，如：$\phi30^{-0.020}_{-0.041}$。

图 8-31c 所示是公差带代号和极限偏差数值两者同时注出，如：$\phi30f7\left(^{-0.020}_{-0.041}\right)$。

（2）装配图上的标注　装配图中只注配合代号，不注公差。装配图中配合代号以孔、

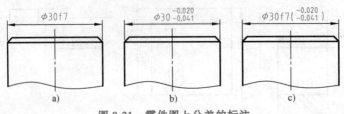

图 8-31 零件图上公差的标注

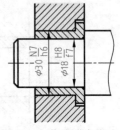

图 8-32 装配图中注法

轴公差带代号的分数形式注出，如$\frac{H8}{f7}$或 H8/f7，分子表示孔的公差带代号，分母表示轴的公差带代号。其标注形式如图 8-32 所示。

显而易见，在配合代号中有"H"者为基孔制配合；有"h"者为基轴制配合；两者同时出现时，也认为是基孔制配合。

8.5.3 几何公差简介

在机器中某些精确程度较高的零件，不仅需要保证其尺寸公差，而且还要保证其几何公差。

1. 几何公差概念

（1）形状公差 单一实际要素的形状所允许的变动全量。

（2）位置公差 实际要素的位置对基准要素所允许变动的全量。

构成零件的几何特征的点、线、面统称为要素。用来确定被测要素的方向或位置的要素称为基准要素；理想的基准要素称为基准。

2. 几何公差的几何特征及其符号

国家标准规定了 14 项几何公差的几何特征及其符号，见表 8-7。

表 8-7 几何公差的几何特征及其符号

分类		几何特征	符号	分类		几何特征	符号
形状公差	形状	直线度	—	位置公差	定向	平行度	//
		平面度	▱			垂直度	⊥
		圆度	○			倾斜度	∠
		圆柱度	⌭		定位	位置度	⊕
						同轴（同心）度	◎
形状或位置公差	轮廓	线轮廓度	⌒			对称度	＝
					跳动	圆跳动	↗
		面轮廓度	⌓			全跳动	⌰

3. 几何公差在图样中的标注方法

几何公差在图样中的标注如图 8-33 所示，几何公差注写在框格内。形状公差框格一般为两格，位置公差框格为三格或多格。框格用细实线绘制，可水平放置或垂直放置。框格中的数字、字母的字号一般和图中的尺寸数字字号相同。框格的前端或后端与带有箭头的指引线相连，箭头指向被测要素，并垂直接触被测要素的可见轮廓线或其延长线。

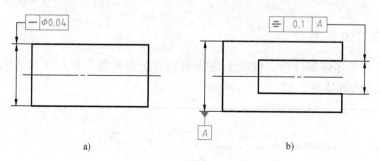

图 8-33　几何公差在图样中的标注

a）形状公差　b）位置公差

公差框格的第一格为几何公差的几何特征符号，第二格为几何公差的数值，如图 8-33a 所示；位置公差的基准符号注写在第三格内，基准符号用大写拉丁字母注写，并应和该公差的基准要素处的字母相同，如图 8-33b 所示。

如图 8-33a 所示，其中所标注的形状公差代号的含义为：圆柱轴线的直线度公差为 $\phi 0.04$mm。

如图 8-33b 所示，其中所标注的位置公差代号的含义为：被测要素的对称面与基准 A 的对称面的距离不能大于 0.1mm。

8.6　读零件图

零件图是交流设计信息、指导生产、检验零件的重要技术文件。读图能力是每位工程技术人员都必须具备的能力。

8.6.1　读零件图的步骤与方法

1. 概括了解

从标题栏了解零件的名称、材料、画图的比例及数量等内容，对零件的大致形状、复杂程度以及在机器中的作用等有一个初步的认识。

2. 分析视图并看懂结构形状

读零件的内外形状和结构，是读零件图的重点。从主视图入手，分析各视图之间的投影关系，并主要用形体分析法分析零件的内外部结构，想象出整体形状以及各部分的相对位置关系。

3. 分析尺寸及技术要求

看零件图上的尺寸，应首先找出长、宽、高三个方向的尺寸基准，然后从基准出发，按形体分析法，找出各组成部分的定形、定位尺寸。

了解尺寸公差、几何公差、表面粗糙度等技术要求。

4. 归纳总结

把读懂的结构形状、尺寸标注和技术要求等内容综合起来，就能比较全面地掌握零件图的内容。

以上说明了读零件图的一般方法和步骤，在具体应用时，各个步骤可以灵活、交叉进行。

8.6.2 读零件图举例

图 8-34 所示为箱体零件图，按照上述读图的方法和步骤，即可将箱体的内外结构、尺寸、技术要求等内容读懂。

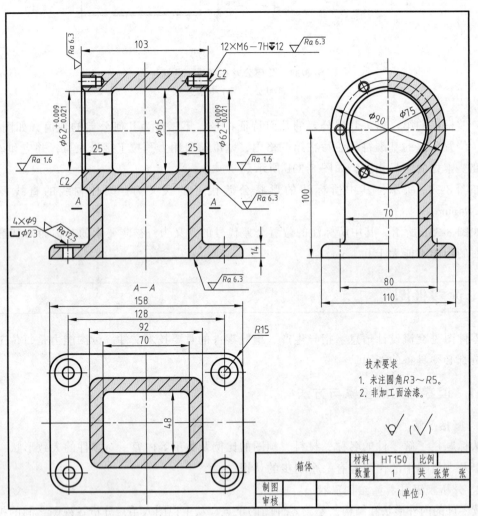

图 8-34 箱体零件图

第 9 章

装 配 图

装配图是用来表达部件或机器的图样，是进行设计、装配、检验、安装、调试和维修，以及技术交流所必需的技术文件。本章主要介绍装配图的内容，装配图的视图表达方法，装配图的画法以及装配结构合理性等内容。

9.1 装配图的内容

在设计过程中，一般先根据设计要求画出装配图以表达部件或机器的工作原理、传动路线和零件之间的装配关系。在生产过程中，装配图是制定装配工艺规程，进行装配、检验、安装、调试及维修的技术依据。

如图 9-1 所示，一张完整的装配图应包括以下基本内容。

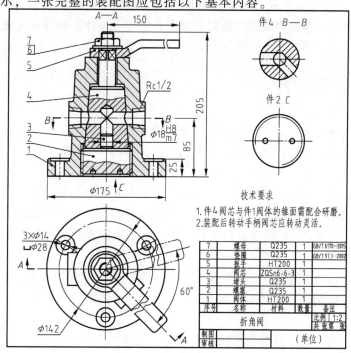

图 9-1 装配图的内容

1. 一组图形

用各种表达方法，准确、完整、清晰和简便地表达部件或机器的工作原理、零件之间的装配连接关系和零件的主要结构形状等。

2. 必要的尺寸

标注出表示部件或机器有关性能、规格、安装、外形、装配和连接关系等方面的尺寸。

3. 技术要求

用文字或符号准确简明地说明机器或部件的装配、检验、调试和使用等技术指标。

4. 零件编号、标题栏和明细栏

注明部件或机器的名称，各类零件的编号、名称、数量、材料、标准规格、标准代号、图号以及审核人员等内容。

9.2 装配图的表达方法

前述的各种机件表达方法在装配图中均可采用，此外，装配图还有一些规定画法和特殊表达方法。

9.2.1 规定画法

1）两相邻零件的接触面或配合面，规定只画一条线。但两相邻零件的公称尺寸不相同时，即使间隙很小，也必须画出两条线，如图9-2所示。

2）在剖视图或断面图中，相邻两零件的剖面线方向应相反，或方向相同而间隔不等并错开。若零件的厚度小于2mm时，允许用涂黑代替剖面符号。

3）对于紧固件和实心杆件（如螺纹紧固件、实心轴、连杆等），若剖切平面通过其轴线或对称平面时，这些零件均按不剖绘制。需要表达实心杆件上的结构或装配关系时，可采用局部剖视图表示，如图9-2所示。

9.2.2 特殊表达方法

1. 沿结合面剖切画法

在装配图中，为了表达装配体内部的装配关系和结构，可沿零件间的结合面处剖切后再向投影面投射。此时，在零件结合面上不画剖面线，如图9-3所示。

2. 假想画法

在装配图中，对于不属于本部件，但与本部件有关系的相邻辅助零件可用双点画线来绘制，一般不应遮盖其后面的零部件。对于运动的零件，当需要表明其运动极限位置时，也可用双点画线来表示，如图9-1所示，件5扳手的运动极限位置画法。

3. 夸大画法

在装配图中，绘制装配体中的细小结构、小间隙、薄片零件以及较小的锥度和斜度时，允许该部分不按原比例而夸大画出，如图9-1所示，件6垫圈的画法。

4. 拆卸画法

在装配图中，当某些零件遮住了需要表达的其他结构或装配关系，而这些零件在其他视图上又已经表示清楚时，可假想将这些零件拆卸后绘制。

9.2.3 简化画法

1）对于相同的零件组，如螺栓、螺柱、螺钉联接等可只详细地画出一处，其余则用细点画线标明其中心位置，如图9-4所示。

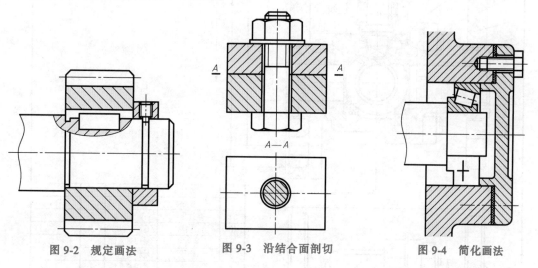

图 9-2 规定画法　　　　图 9-3 沿结合面剖切　　　　图 9-4 简化画法

2）滚动轴承等零部件，在剖视图中可按轴承的规定画法或特征画法画出，如图9-4所示。

3）零件的工艺结构，如倒角、铸造圆角、起模斜度、退刀槽、砂轮越程槽等可省略不画，而螺母、螺栓头部可采用简化画法，如图9-4所示。

9.3 装配图的视图选择

首先选主视图，同时兼顾其他视图，通过综合分析对比后确定一组图形，如图9-5所示。

9.3.1 主视图的选择

主视图应充分表达部件或机器的主要装配关系、工作原理、传动路线、润滑、密封以及主要零件的结构形状，并尽可能反映部件或机器的工作位置。

如图9-5所示，按球阀的工作位置，在主视图中阀体的轴线画成水平位置，同时采用剖视图表达球阀的水平和垂直两个方向的装配干线，这样可将阀体、阀芯、阀杆、密封环、螺纹压环以及扳手等主要零件的装配关系、工作原理、连接方式、相互位置、防松及密封装置表达得比较清楚。

9.3.2 其他视图的选择

主视图确定之后，部件或机器的主要装配关系和工作原理一般能表达清楚。但是，只有一个主视图，往往不能把所有装配关系和工作原理全部表达出来。应根据装配体的形状结构特征选择其他视图，补充表达主视图未能表达的内容。

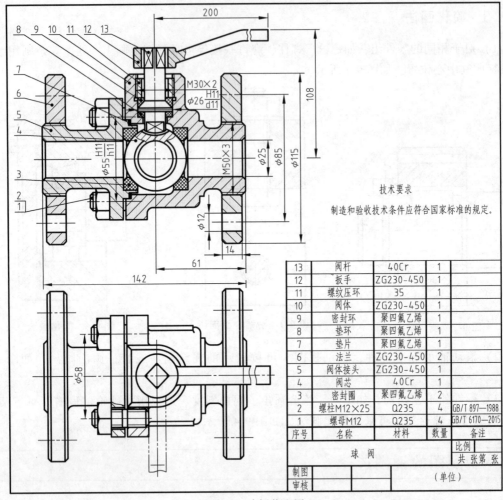

13	阀杆	40Cr	1	
12	扳手	ZG230-450	1	
11	螺纹压环	35	1	
10	阀体	ZG230-450	1	
9	密封环	聚四氟乙烯	1	
8	垫环	聚四氟乙烯	1	
7	垫片	聚四氟乙烯	1	
6	法兰	ZG230-450	2	
5	阀体接头	ZG230-450	1	
4	阀芯	40Cr	1	
3	密封圈	聚四氟乙烯	2	
2	螺柱M12×25	Q235	4	GB/T 897—1988
1	螺母M12	Q235	4	GB/T 6170—2015
序号	名称	材料	数量	备注
球 阀			比例	
			共 张第 张	
制图			(单位)	
审核				

技术要求

制造和验收技术条件应符合国家标准的规定。

图 9-5 球阀装配图

如图 9-5 所示，球阀俯视图采用局部剖视图补充表达了阀体和阀体接头是用螺柱联接，同时，用假想画法表达了扳手的两个极限位置。

至此，球阀的视图选择就完成了，但有时为了能选定一个最佳方案，最好多考虑几种视图选择方案，以供比较、选用。

9.4 装配图的尺寸标注

装配图中，不需注出零件的全部尺寸，而只需标注出与机器或部件的性能、装配关系和安装、运输等有关的尺寸，这些尺寸按其作用的不同，大致分为以下几类。

1. 性能（规格）尺寸

表示机器或部件的性能、规格和特征的尺寸，在设计时就已经确定，是设计、了解和选用该机器或部件的依据，如图 9-1 所示折角阀的出入孔径 Rc1/2 。

2. 装配尺寸

表示有关零件表面配合关系及相对位置的尺寸。这类尺寸对产品的性能质量有着直接的影响，在设计零件和装配零件时必须保证，如图 9-1 所示折角阀的尺寸 $\phi18H8/m7$。

3. 安装尺寸

将机器或部件安装在地基上或与其他机器或部件相连接时所需要的尺寸，如图 9-1 所示折角阀的尺寸 $\phi142$、$\phi14$。

4. 外形尺寸

表示机器或部件外形轮廓的尺寸，即总长、总宽和总高。它为包装、运输和安装过程所占的空间大小提供了数据，如图 9-1 所示折角阀的尺寸 205、$\phi175$。

5. 其他重要尺寸

指在设计中确定，又不属于上述几类尺寸的一些重要尺寸。如运动零件的极限位置尺寸，主要零件的重要结构尺寸等，如图 9-1 所示扳手运动的极限位置尺寸 60°。

9.5 装配图的零件序号及明细栏

装配图中所有零件、部件都必须编写序号，并在标题栏上方的明细栏内列出其序号以及名称、材料、数量、标准号等相关信息。

9.5.1 零件序号

编写序号时应遵守以下各项规定：

1）编写序号时，指引线（细实线）应自所指零件的可见轮廓内引出，并在引出端画一小圆点。在指引线的另一端画一横线或圆，并注写序号，序号的字高应比图中尺寸数字大一号或两号。对于很薄的零件或涂黑的剖面，可用箭头代替小圆点，如图 9-6 所示。

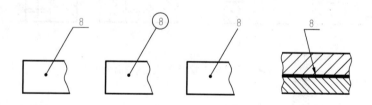

图 9-6 零件序号形式

2）指引线不能相交，当它通过有剖面线的区域时，不应与剖面线平行。必要时，指引线可以画成折线，但只允许曲折一次。

3）一组紧固件或装配关系清楚的零件组可采用公共指引线，如图 9-7 所示。

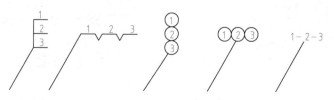

图 9-7 零件组编号形式

4）形状和规格相同的零件只编写一个序号。

5）零件序号应沿水平或垂直方向按顺时针（或逆时针）方向依次排列整齐，并尽可能均匀分布。

9.5.2 明细栏

明细栏是机器或部件中全部零部件的目录，其内容包括零件的序号、代号、名称、数量、材料以及备注等项目，如图9-1所示。

明细栏应画在标题栏的上方，并与标题栏相连，零部件序号应自下而上填写。若图上位置不够时，可将明细栏分段画在标题栏的左方。

9.6 装配结构合理性简介

在设计和绘制装配图的过程中，应该考虑装配结构的合理性，以保证部件的性能及零件的加工和拆装方便。

9.6.1 接触面的装配结构

1）两零件接触时，同方向接触面一般应只有一组，避免两组面同时接触，否则在工艺上就要提高加工精度，增加制造成本，如图9-8所示。

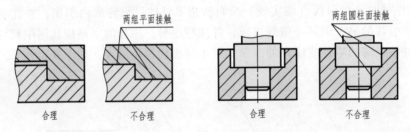

图 9-8 同方向上接触面或配合面的数量

2）圆锥面配合，其轴向位置即被确定。不应出现圆锥面和端面同时接触，否则将造成加工上极大的困难，如图9-9所示。

3）两零件有一对相交的接触面时，在转角处要倒角、倒圆或切槽，以保证两端面能紧密接触，如图9-10所示。

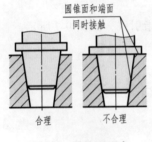

图 9-9 圆锥面配合

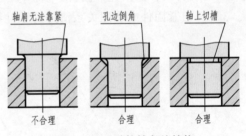

图 9-10 两零件转角处结构

9.6.2 装拆连接结构

1. 轴上零件的固定与定位结构

装在轴上的零件一般都要有轴向定位结构，以保证零件在轴向不产生移动。如图 9-11 所示，轴上的零件在轴线方向上是靠轴肩来定位的，同时在零件的一端用螺母、垫圈来压紧，在圆周方向上则依靠键联结来定位。

2. 便于装拆

为便于装拆，在设计好的装配结构中必须留出工具的操作空间和装配螺栓、螺钉的空间，如图 9-12 所示。

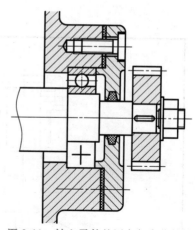

图 9-11 轴上零件的固定与定位结构

 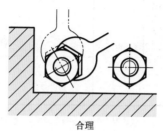 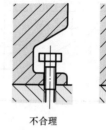 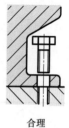

不合理　　　　　　　合理　　　　　　　不合理　　　　合理

图 9-12 便于装拆的结构

9.7 装配图的画图步骤

画装配图时，必须先对表达的机器或部件的功用、工作原理、零件间的装配关系、主要零件的基本结构及技术条件等进行分析了解之后再画出装配图。

螺纹调节支撑用来支撑不太重的机件。使用时旋转调节螺母，支撑杆便上下移动（因螺钉的一端装入支撑杆的槽内，故支撑杆不能转动），达到所需的高度。具体装配图的画图步骤如下。

1. 视图表达方案

根据装配图的视图选择原则，尽量使所选视图重点突出、相互配合，可选出几个方案进行比较，从中确定最佳方案。

螺纹调节支撑的主视图为通过支撑杆轴线剖切的全剖视图，并对支撑杆长槽处作局部剖视。这样画出的主视图既符合工作位置，又表达了它的形状特征、工作原理和零件间的装配联接关系。但对底座、套筒等的主要结构都尚未表达清楚，因此需选用俯视图和左视图，并在左视图中采用局部剖视，以表达支撑杆上长槽的形状。

2. 确定图幅、布置视图

根据部件的大小和视图数量，确定画图的比例、图幅大小，画出图框，留出标题栏和明细栏的位置。画各视图的主要基线，并在各视图之间留有适当间隔，以便标注尺寸和进行零件编号，如图 9-13a 所示。

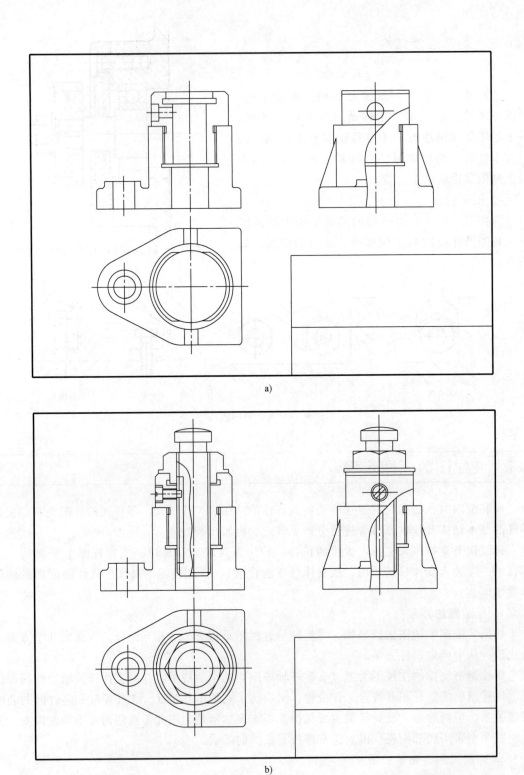

图 9-13　装配图画法

a）画图框和标题栏、明细栏外框及底座、套筒　b）画调节螺母、支撑杆、螺钉

3. 画主要装配线

围绕主要装配干线，按装配顺序，逐个画出各零件。几个视图联系起来一起画，如图9-13a 所示。

4. 画装配线及细部结构

按装配关系及零件简单相对位置，将其他零件逐个画出，如图 9-13b 所示。

5. 检查、描深、画剖面线

底稿完成后，经检查无误后画剖面线、加深视图，然后标注尺寸和编写零件序号，填写标题栏、明细栏以及技术要求等，如图 9-14 所示。

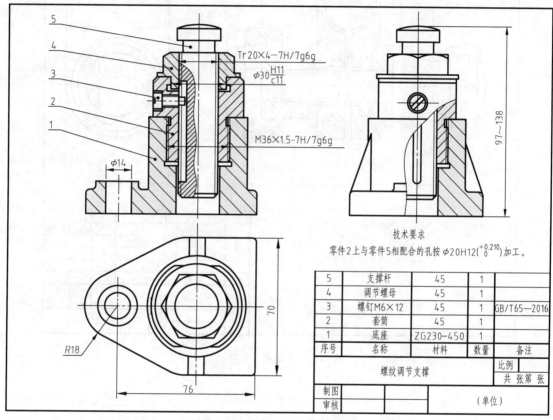

图 9-14 螺纹调节支撑装配图

9.8 读装配图及拆画零件图

读装配图的目的，是从装配图中了解部件中各个零件的装配关系，分析部件的工作原理，并能分析和读懂其中主要零件及其他有关零件的结构形状。在设计时，还需要根据装配图画出这个部件的零件图。

9.8.1 读装配图的方法和步骤

现以图 9-15 所示的联动夹持杆接头为例，说明看装配图的方法和步骤。

1. 概括了解并分析视图

从标题栏了解机器或部件的名称、大致用途；通过明细栏及对照零件序号，了解各零件的名称、数量和材料等基本情况，并在视图中查找各个零件的位置；分析视图，了解各图形的表达方法、投影关系及表达意图。

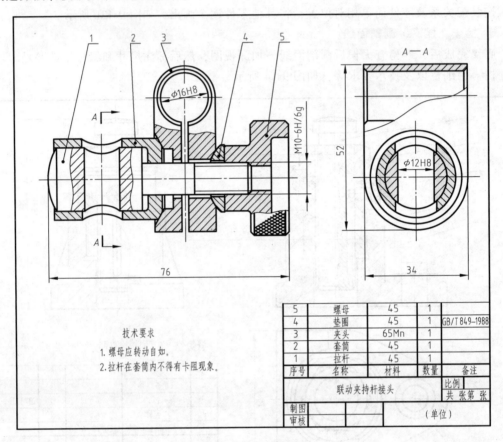

5	螺母	45	1	
4	垫圈	45	1	GB/T 849—1988
3	夹头	65Mn	1	
2	套筒	45	1	
1	拉杆	45	1	
序号	名称	材料	数量	备注

图 9-15 联动夹持杆接头

如图 9-15 所示，从标题栏和明细栏可以看出该部件名称为联动夹持杆接头，是用来连接检测用仪表的表杆，由四种非标准零件和一种标准零件组成。装配图中的基本视图有两个，其中主视图采用局部剖视，可以清楚地表达工作原理和各零件间的装配连接关系；左视图采用 A—A 剖视及上部的局部剖视，进一步反映左方和上方两处夹持部位的结构和夹头零件的内外形状。

2. 深入了解装配关系和工作原理

按各条装配干线分析部件的装配关系及工作原理，弄清各零件间相互配合的要求，以及零件间的定位、连接方式和密封等问题。

如图 9-15 所示，从主视图可知，当部件工作时，在拉杆 1 左方的上下通孔 $\phi12H8$ 和夹头 3 上部的前后通孔 $\phi16H8$ 中分别装入表杆，然后旋紧螺母 5，收紧夹头 3 的缝隙，就可夹持上部圆柱孔内的表杆；在此同时，拉杆 1 沿轴向向右移动，改变它与套筒 2 上下通孔的同轴位置，就可夹持拉杆左方通孔内的表杆。

由于套筒 2 以锥面与夹头 3 左面的锥孔相接触，垫圈 4 的球面和夹头 3 右面的锥孔相接触，这些零件的轴向位置是固定不动的，只有拉杆 1 以右端的螺纹与螺母 5 联接，使拉杆 1 可沿轴向移动。

3. 分析零件

根据零件序号、投影关系、剖面线的方向和间隔等，分离出零件。用形体分析、线面分析和结构分析等方法，想清楚各零件的结构形状，分析时一般先看主要零件，再看次要零件。

如图 9-15 所示，以夹头 3 为例，分析其结构形状。夹头是这个联动夹持杆接头部件的主要零件之一。由主视图可见，其上部是一个半圆柱体；下部左右为两块平板，左平板上有阶梯形圆柱孔，右平板上有同轴线的圆柱孔，左右平板孔口外壁处都有圆锥形沉孔；在半圆柱体与左右平板相接处，还有一个前后贯通的下部开口的圆柱孔，圆柱孔的开口与左右平板之间的缝隙相连通。由左视图可见，夹头左右平板的上端为矩形板，其前后壁与上部半圆柱的前后端面平齐；平板的下端是与上端矩形板相切的半圆柱体。

4. 归纳总结

在以上对装配关系和主要零件的结构进行分析的基础上，进行归纳总结，想象出部件的整体结构和形状，还要对技术要求、全部尺寸进行分析，进一步了解部件的设计意图，为下一步拆画零件图打下基础。

9.8.2 由装配图拆画零件图

由装配图拆画出零件图是设计工作中的一个重要环节，应在读懂装配图的基础上进行，一般可按以下几个步骤。

1. 确定视图方案

确定零件的视图方案时，可以参照装配图中该零件的表达方法，但不能照搬，而应根据零件的结构形状特点重新选择或适当调整。

2. 画出零件图形

对分离出来的零件投影，不要漏线，应画全原图中被遮挡的线条，另一方面，也不要画出其他零件的投影。在装配图中被省略不画的工艺结构，如倒角、圆角和退刀槽等，在零件图中均应画出。

3. 确定并标注零件的尺寸

零件图中的尺寸应按"正确、完整、清晰"的要求来标注。对于装配图中已注明的尺寸，按所标注的尺寸和公差带代号直接注在零件图上；对于缺少的尺寸应在装配图上按比例直接量取；对于零件上的标准结构尺寸，则需要查阅手册或经过计算来确定；对于各零件上有配合关系的尺寸，其公称尺寸必须一致。

4. 注写技术要求和填写标题栏

零件各加工表面的表面粗糙度数值和其他技术要求，要根据零件在部件中的功用、与其他零件的装配关系以及装配图上提出的有关技术要求来注写。标题栏应填写完整，零件名称、材料和图号等要与装配图中明细栏所注内容一致。

如图 9-16 所示的夹头是由联动夹持杆接头装配图拆画的零件图。

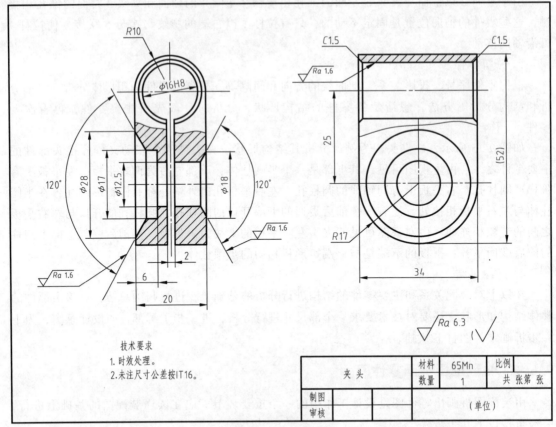

技术要求
1. 时效处理。
2. 未注尺寸公差按IT16。

夹 头	材料	65Mn	比例	
	数量	1	共 张第 张	
制图			(单位)	
审核				

图 9-16　夹头零件图

第 2 篇

CAD基础

第 10 章

AutoCAD 简介

10.1 AutoCAD 绘图软件

AutoCAD 是美国 AutoDesk 公司开发的通用 CAD 工作平台，可以用来创建、浏览、管理和输出 2D 或 3D 设计图形。AutoDesk 公司成立于 1982 年，在 30 多年的发展中，该公司不断丰富和完善 AutoCAD 系统，并连续推出了更新版本，使得 AutoCAD 在建筑、机械、测绘、电子、汽车、服装和造船等许多行业中得到广泛的应用，成为当前工程师设计绘图的重要工具。在绘制二维图中 AutoCAD 得到了广泛的使用。

10.2 AutoCAD 软件的特点

AutoCAD 软件主要具有如下特点。

1）完善的图形绘制和编辑功能。

① 可以绘制二维图形和三维实体图形。

② 可以对三维实体进行自动消隐、润色和附材质等操作，以生成真实感极强的渲染图形。

③ 具有强大的图形编辑功能，能方便地进行图形的修改、编辑操作。

④ 强大的尺寸整体标注和半自动标注功能。

2）开放的二次开发功能。

① 提供多种开发工具。

② 直接访问、修改 AutoCAD 原有标准系统库函数和文件。

③ 对线型库、字体库、图案库以及菜单文件、对话框进行用户定制。

3）提供多种接口文件。具有较强的数据交换能力，提供 DWF 格式的数据信息交换方式。

4）支持多种交互设备。

5）具有良好的用户界面和高级辅助功能。

新版 AutoCAD 不仅继承了先前版本的优点,而且强化了 Web 网络设计功能,界面更加友好,体系结构更为开放,在协作、数据共享以及管理上的改进尤为突出。

10.3 AutoCAD 基础界面及其基本操作

在用户正确安装了 AutoCAD 后双击计算机桌面上 AutoCAD 图标就可以启动 AutoCAD 软件进入 AutoCAD 的绘图工作界面。

AutoCAD 绘图工作界面由标题栏、菜单栏、工具条、命令窗口、绘图窗口、屏幕菜单、坐标系图标、图形光标、滚动条和状态栏等几部分组成,如图 10-1 所示。

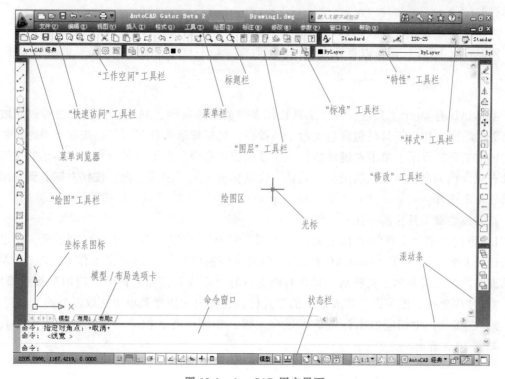

图 10-1 AutoCAD 用户界面

10.3.1 标题栏

标题栏(图 10-2)位于界面的顶部,在标题栏左端显示本软件的名称以及正在编辑的文件名称。标题栏右侧有控制窗口大小以及关闭窗口的最小化、最大化、还原和关闭按钮,可以分别实现 AutoCAD 窗口的最小化、还原(或最大化)以及关闭等操作。

图 10-2 标题栏

标题栏表达的是 AutoCAD 软件名称和当前的文件名称等信息。标题栏中前面的"Auto-

CAD 2014"是软件名称，后面的"Drawing1. dwg"是当前的文件名称（如果已经对文件命名，则显示命名的文件名）。

10.3.2 菜单栏

菜单栏如图10-1所示。它由文件（F）、编辑（E）、视图（V）、插入（I）、格式（O）、工具（T）、绘图（D）、标注（N）、修改（M）、参数（P）、窗口（W）和帮助（H）共12个主菜单构成，每个主菜单下又包含了子菜单，而子菜单还包括下一级菜单。菜单几乎包括了AutoCAD所有命令，用户可以完全通过菜单来绘图。

菜单栏位于标题栏下方。选择菜单的方法：鼠标左键单击菜单，打开下拉菜单条，移动鼠标选取命令。

菜单命令后有省略号表示选择菜单命令打开一个对话框；菜单栏中还定义有热键，例如，同时按〈Alt+F〉键可以打开文件，再同时按〈Ctrl+O〉键能够打开已有的图形文件。

10.3.3 工具栏

AutoCAD有40个工具栏，每个工具栏代表一类操作命令，利用工具栏按钮可以完成绝大部分的绘图操作。工具栏包含启动命令的按钮，将鼠标箭头移到工具栏按钮上面时，将显示按钮的工具栏提示，单击左键将执行该工具按钮的命令。右下角带有小黑三角形的按钮表明具有包含相关命令可下拉的图标工具条，将鼠标箭头置于按钮上面，按住左键直到弹出图标然后单击选择。

打开或隐藏工具栏的方法：

1）下拉菜单"工具"→"自定义"→"界面"打开"自定义用户界面"对话框，用鼠标单击选择左侧窗口中的"AutoCAD默认"，单击右侧窗口中的"自定义工作空间"，从左侧勾选或去除需要打开的工具栏后，单击右侧窗口的"完成"按钮，再按"应用"按钮即可。

2）使用鼠标右键单击工作界面上的工具栏，在弹出的快捷菜单中选取需要的工具栏。

3）在工具栏中相应的图标上单击鼠标左键，在弹出的下拉菜单中选取需要的工具命令，如图10-3所示。

10.3.4 命令窗口

在绘图区的下面是命令窗口（Command Window），它由命令行（Command Line）和命令历史窗口共同组成。命令行显示的是用户从键盘上输入的命令信息，而命令历史窗口中含有AutoCAD启动后的所有信息中的最新的信息。命令历史窗口与绘图窗口之间的切换可以通过〈F2〉功能键进行，如图10-4所示。

在绘图时，用户要注意命令行的各种提示，以便准确快捷地绘图。命令窗口的大小可以由用户自己确定。将鼠标移到命令窗口的边框线上，按住左键上下移动鼠标即可。注意，命令窗口的大小会影响绘图区的大小。命令窗口的位置可以移动，单击边框并拖动它，就可以将它移动到任意的位置上。

10.3.5 状态栏

状态栏位于屏幕的最下方。左端显示的是光标的坐标，表示当前光标在绘图区中所处的

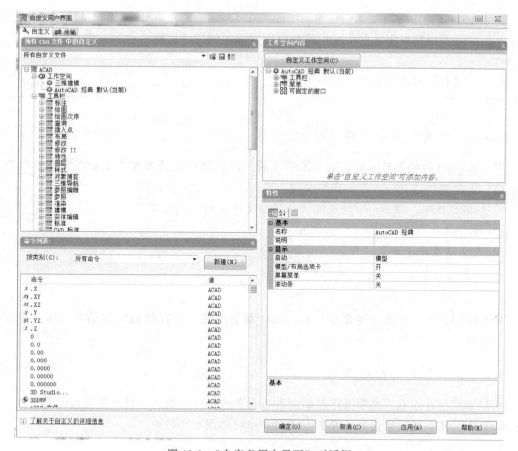

图 10-3 "自定义用户界面"对话框

图 10-4 命令窗口

位置，当移动光标时，状态栏中的坐标值也随之相应的改变。此外，状态栏中还包含一组按钮，包括捕捉、栅格、正交、极轴、对象捕捉、对象追踪、线宽和模型等，如图 10-5 所示，这些按钮主要用于用户绘图时作为辅助工具使用。

图 10-5 状态栏

10.3.6 绘图窗口

AutoCAD 工作界面上最大的空白窗口便是绘图窗口，也称视图窗口。它是用户用来绘图的地方。在 AutoCAD 视图窗口中有十字光标（crosshair cursor）、用户坐标系图标（user coordinate system icon）。

在 AutoCAD 视图窗口的右边和下面分别有两个滚动条，用户可利用它进行视图的上下或左右的移动，便于观察图样的任意部位。

在 AutoCAD 视图窗口左下角是 Model tab and layout tabs，即图纸空间与模型空间的切换按钮，用户可利用它方便地在图纸空间与模型空间之间进行切换。

10.4　图形文件管理

10.4.1　创建新的图形文件

对 AutoCAD 的绘图界面有了基本了解之后，用户便可以开始绘图了。在绘制一幅新图形之前，用户先要建立一个新的图形文件。

在 AutoCAD 中，用户可以通过如下几种方法建立新的图形文件。

1）键盘输入"New"。

2）在文件菜单上单击"新建"子菜单。

3）在标准工具栏上单击"新建"按钮 。

4）按快捷键〈Ctrl+N〉。

用上述方法中的任意一种命令，AutoCAD 都会出现"选择样板"对话框，用户可以利用该对话框建立一个新的图形文件。

10.4.2　打开原来的图形文件

用户如果想在原有的图形文件基础上进行有关的操作，就必须打开原有的图形文件。在 AutoCAD 中，用户可以通过如下几种方法打开原有的图形文件。

1）键盘输入"Open"。

2）在文件菜单上单击"打开"子菜单。

3）在标准工具栏上单击"打开"按钮 。

4）按快捷键〈Ctrl+O〉。

用上述方式中的任意一种命令，AutoCAD 将出现"图选择文件"对话框。在该对话框中，用户既可以在输入框中直接输入文件名打开已有的图形，又可以在文本框中双击要打开的文件名打开已有的图形。

10.4.3　保存当前的文件图形

在 AutoCAD 中，用户可以利用如下几种方法保存当前的图形文件：

1）键盘输入"Save"或"Qsave"。

2）在文件菜单上单击"保存"或"另存为"子菜单。

3）在 Standard 工具栏上单击"Save"按钮 。

4）按快捷键〈Ctrl+S〉。

10.5　使用命令与系统变量

在 AutoCAD 中，菜单命令、工具按钮、命令和系统变量大都是相互对应的。可以选择某一菜单命令，或单击某个工具按钮，或在命令行中输入命令和系统变量来执行相应命令。可以说，命令是 AutoCAD 绘制与编辑图形的核心，如图 10-6 所示。

1）使用鼠标操作执行命令。

2）使用命令行。

3）使用透明命令。

4）使用系统变量。

在绘图窗口，光标通常显示为十字线形式。当光标移至菜单选项、工具或对话框内时，它会变成一个箭头。无论光标是十字线形式还是箭头形式，当单击或者按鼠标键时，都会执行相应的命令或动作。

默认情况下"命令行"是一个可固定的窗口，可以在当前命令行提示下输入命令、对象参数等内容。

在命令行窗口中右击，AutoCAD 将显示一个快捷菜单。通过它可以选择最近使用过的 6 个命令、复制选定的文字或全部命令历史记录、粘贴文字，以及打开"选项"对话框。

在 AutoCAD 中，透明命令是指在执行其他命令的过程中可以执行的命令。要以透明方式使用命令，应在输入命令之前输入单引

图 10-6　命令窗口快捷菜单

号（'）。命令行中，透明命令的提示前有一个双折号（≫）。完成透明命令后，将继续执行原命令。

在 AutoCAD 中，系统变量用于控制某些功能和设计环境、命令的工作方式，它可以打开或关闭捕捉、栅格或正交等绘图模式，设置默认的填充图案，或存储当前图形和 AutoCAD 配置的有关信息。

可以在对话框中修改系统变量，也可以直接在命令行中修改系统变量。例如，要使用 ISOLINES 系统变量修改曲面的线框密度，可在命令行提示下输入该系统变量名称并按〈Enter〉键，然后输入新的系统变量值并按〈Enter〉键即可，详细操作如下：

命令　ISOLINES（输入系统变量名称）

输入　ISOLINES 的新值 32（输入系统变量的新值）

10.6　设置绘图环境

通常情况下，安装好 AutoCAD 后就可以在其默认状态下绘制图形，但有时为了使用特殊的定点设备、打印机，或提高绘图效率，用户需要在绘制图形前先对系统参数、绘图环境做必要的设置。

1）设置参数选项。

2）设置图形单位。

3）设置绘图图限。

选择"工具"→"选项"命令（OPTIONS），可打开"选项"对话框。在该对话框中包含"文件""显示""打开和保存""打印和发布""系统""用户系统配置""绘图""三维建模""选择集"和"配置"等选项卡，如图 10-7 所示。

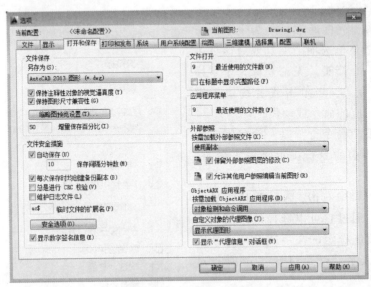

图 10-7 "选项"对话框

在中文版 AutoCAD 中，选择"格式"→"单位"命令，在打开的"图形单位"对话框中可以设置绘图时使用的长度单位、角度单位，以及单位的显示格式和公差等级等参数，如图 10-8 所示。

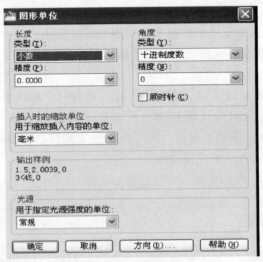

图 10-8 "图形单位"对话框

在中文版 AutoCAD 中，使用"LIMITS"命令可以在绘图空间中设置一个想象的矩形绘图区域，也称为图限，如图 10-9 所示。它确定的区域是可见栅格指示的区域，也是选择

"视图"→"缩放"→"全部"命令时决定显示多大图形的一个参数。

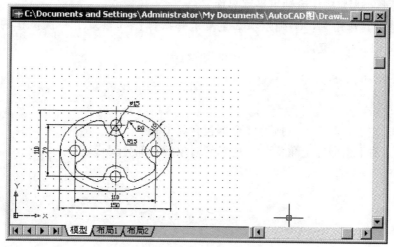

图 10-9　绘图区域样例

10.7　辅助绘图

在使用 AutoCAD 绘图之前，应对 AutoCAD 的坐标系、捕捉、栅格、正交定位、对象捕捉、极轴和对象追踪等辅助绘图环境的设置和命令有一定的了解。

10.7.1　坐标系的使用

在 AutoCAD 中使用的是世界坐标，X 为水平方向，Y 为垂直方向，Z 为垂直于 X 和 Y 方向的轴向，这些都是固定不变的，因此称为世界坐标。世界坐标分为绝对坐标和相对坐标。

（1）绝对坐标（针对原点）

1）绝对直角坐标。点到 X、Y 方向（有正、负之分）的距离，输入方法：x、y 的值，输入时要在英文状态下。

2）绝对极坐标。点到坐标原点之间的距离是极半径，该连线与 X 轴正向之间的夹角度数为极角度数，正值为逆时针，负值为顺时针。输入方法：极半径、极角度数，输入时一定要在英文状态下。

（2）相对坐标（针对上一点，把上一点看作原点）

1）相对直角坐标。是指该点与上一输入点之间的坐标差（有正负之分），相对的符号为"@"。输入方法：@相对 x、y 的值输入时一定要在英文状态下。

2）相对极坐标。是指该点与上一输入点之间的距离，该连线与 X 轴正向之间的夹角度数为极角度数，相对符号为"@"，正值为逆时针，负值为顺时针。输入方法：输入时一定要在英文状态下。

10.7.2　鼠标的作用

（1）左键　其作用为：①选择物体；②确定图形第一点的位置。

（2）滚轴 其作用为：①滚动滚轴放大或缩小图形（界面在放大或缩小）；②双击可全屏显示所有图形；③如按住滚轴可平移界面。

（3）右键 其作用为：①确定；②重复上一次操作（重复上一次操作的快捷键还有〈Space〉键和〈Enter〉键）。

10.7.3 选择对象的方法

1）直接单击。

2）正选。左上角向右下角拖动（全部包含其中）。

3）反选。右下角向左上角拖动（碰触到对象的一部分就行）。

第 11 章

常用绘图方法

任何一幅工程图都是由一些基本图形元素，如直线、圆、圆弧、组线和文字等组合而成，掌握基本图形元素的计算机绘图方法，是学习 CAD 软件的重要基础。

11.1 绘图菜单

绘图菜单是绘制图形时最基本、最常用的菜单，包含了 AutoCAD 的大部分绘图命令。根据所要绘制的二维图形，选择相应的命令或子菜单，如图 11-1 所示。

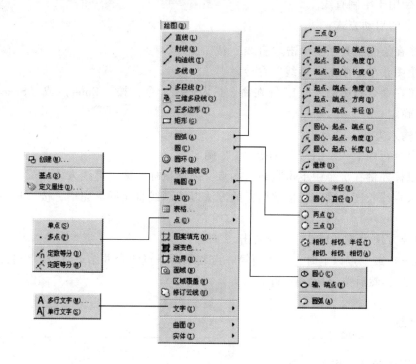

图 11-1　绘图菜单

11.2 基本绘图

AutoCAD 将绝大部分二维基本绘图命令制成了工具按钮，集成在"绘图"工具条上，如图 11-2 所示。

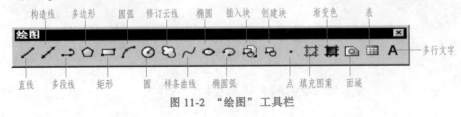

图 11-2 "绘图"工具栏

11.3 绘图命令的使用

使用绘图命令也可以绘制二维图形。在命令提示行中输入相应的绘图命令，按〈Enter〉键，并根据命令行的提示信息进行绘图操作。这种方法快捷，准确性高，但要求掌握绘图命令及其选择项的具体用法。

11.4 绘制直线

直线命令用于绘制直线。

直线命令的启动方式：

1）直接在绘图工具栏上单击"直线"按钮 ![直线按钮]。

2）在绘图菜单下单击"直线"命令。

3）直接在命令行中输入"L"（在命令行内输入命令，按〈Enter〉或〈Space〉键或单击鼠标右键确定）。

直线的输入方法：

1）从命令行内输入"直线"命令"L"确定。

2）用鼠标左键在屏幕中单击直线一端点，拖动鼠标，确定直线方向。

3）输入直线长度并确认，依照同样的方法继续画线直至图形完毕，按〈Enter〉键结束直线命令。

取消命令方法为按〈ESC〉键或右击。

绘制出三点或三点以上时，如需要第一点和最后一点闭合并结束直线的绘制，可在命令行中输入"C"，然后按〈Enter〉键。

11.5 绘制点

点在绘图中起辅助作用。

点命令的启动方式：

1）直接在绘图工具栏上单击"点"按钮 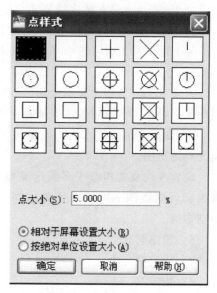。

2）在绘图菜单下单击"点"命令。

3）直接在命令行中输入"PO"。

单击绘图菜单→"点"。

（1）单点 S 一次只能画一个点。

（2）多点 P 一次可画多个点，左击加点，按〈ESC〉键停止。

（3）定数等分 D 选择对象后，设置数目。

（4）定距等分 M 选择对象后，指定线段长度。

（5）设置点的样式方法 "格式"菜单→"点样式"命令，如图 11-3 所示。在"点样式"对话框中可以选择点样式，设定点大小。

（6）相对于屏幕设置大小 当滚动鼠标滚轴时，点大小随屏幕分辨率大小而改变。

（7）按相对单位设置大小 点大小不会改变。

图 11-3 "点样式"对话框

11.6 绘制构造线

构造线一般作为辅助线使用，创建的线是无限长的。

构造线命令的启动方式：

1）直接在"绘图"工具栏上单击"构造线"按钮。

2）在"绘图"菜单下单击"构造线"命令。

3）直接在命令行中输入"XL"。

在"构造线"命令中：H 为水平构造线，V 为垂直构造线，A 为角度（可设定构造线角度，也可参考其他斜线进行角度复制），B 为二等分（等分角度，两直线夹角平分线），O 为偏移（通过 T，可以任意设置距离），如图 11-4 所示。

XLINE 指定点或 [水平(H)/垂直(V)/角度(A)/二等分(B)/偏移(O)]:

图 11-4 构造线

11.7 绘制多线

多条平行线称为多线。"多线"命令创建的线是整体的，可以保存多线样式，或者使用默认的两个元素样式。还可以设置每个元素的颜色、线型。

绘制多线的步骤：

1）从"绘图"菜单中选择"多线"。

2）在命令行提示下，输入"ST"，选择一种样式。

3）要列出可用样式，可输入样式名称或输入"？"。直接输入已有多线样式名，也可以输入"?"来显示已有的多线样式。

4）要对正多线，输入"J"并选择"上对正""零对正"或"下对正"。

● 上对正：该选项表示当从左向右绘制多线时，多线上位于最顶端的线将随着光标进行移动。

● 零对正：该选项表示绘制多线时，多线的中心线将随着光标移动。

● 下对正：该选项表示当从左向右绘制多线时，多线最底端的线将随着光标进行移动。

5）要修改多线的比例，可输入"S"并输入新的比例。

确定多线宽度相对于多线定义宽度的比例因子（该比例不影响线型的比例），开始绘制多线。

6）指定起点。

7）指定第二点。

8）指定第三点。

9）指定第四点或输入"C"以闭合多线，或按〈Enter〉键。

编辑多线样式的步骤：

1）从"格式"菜单中选择"多线样式"。

2）在"多线样式"对话框（图11-5）中，单击"新建"按钮，即弹出"创建新的多线样式"对话框，输入"新样式名称"后单击"继续"按钮，就会弹出"新建多线样式"对话框。

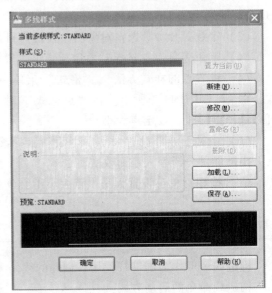

图11-5 "多线样式"对话框

3）在该对话框中，"封口"设置中的"起点"是指开始落笔画图的地方，"端点"是指收笔的地方。

11.8 绘制多段线

多段线是由相连的多段直线或弧线组成的单一对象，用户选择组成多段线的任意一段直线或弧线时将选择整个多段线。多段线中的线条可以设置成不同的线宽和线型。

用户可以利用AutoCAD提供的"Pline"命令绘制多段线。启动"Pline"命令的方法有如下几种：

1）键盘输入"Pline"或"PL"。

2）在"绘图"菜单中单击"Pline"子菜单。

3）在"绘图"工具栏上单击"Pline"图标 ↵。

用上述几种方法中的任意一种命令输入，AutoCAD将作如下提示：

From point：（输入起点）

Current line-width is 0.5000

Arc/Close/Half width/Length/Undo/Width/<Endpoint of line>：

提示行中各选项的含义如下。

（1）Endpoint of line 默认项。用户直接输入一点作为线的一个端点。

（2）Arc 画圆弧。用户选择"A"后，AutoCAD 有如下提示以帮助生成多段线中的圆弧。

Angle/Center/Close/Direction/Halfwidth/Line/Radius/Second pt/Undo/Width/

Endpoint of arc：

在该提示下移动十字光标，屏幕上出现橡皮线。

提示行中各选项的含义如下。

- Angle：该选项用于指定圆弧的角度。
- Center：为圆弧指定圆心。

以上两种操作与绘圆弧相似。

- Direction：取消直线与弧的相切关系设置，改变圆弧的起始方向。
- Line：返回绘制直线方式。
- Radius：指定圆弧半径。
- Second pt：指定三点画弧。

其他选项与"Pline"命令中的同名选项含义相同，用户可以参考下面的介绍。

（3）Close 该选项自动将多段线闭合，也就是把多段线的起点与终点连起来，并结束"Pline"命令的操作。

（4）Half width 该选项用于指定多段线的半宽值。执行该选项时，AutoCAD 将提示用户输入多段线段的起点半宽值和终点半宽值。

（5）Length 定义下一段多段线的长度。执行该选项时，AutoCAD 会自动按照上一段多段线的方向绘制下一段多段线；若上一段多段线为圆弧，则按圆弧的切线方向绘制下一段多段线。

（6）Undo 取消上一次绘制的多段线线段。该选项可以连续使用。

（7）Width 设置多段线的宽度。执行该选项后，AutoCAD 将出现如下提示：

Starting width <0.5000> 输入起点的宽度

Ending width <0.0000> 输入终点的宽度

11.9 绘制正多边形

正多边形由 3～1024 条等边长的闭合多段线创建，特点为每个边都相等。

正多边形命令的启动方式：

1）直接在"绘图"工具栏上单击"正多边形"按钮 。

2）在"绘图"菜单下单击"正多边形"命令。

3）直接在命令行中输入"POL"。

绘制正多边形的步骤：

（1）绘制内接正多边形 先在命令栏中输入"POL"，在命令行中输入边数，指定正多边形的中心，输入"I"并确定，再输入半径长度。"内接于圆"表示绘制的多边形将内接于假想的圆。

（2）绘制外切正多边形 先在命令行中输入"POL"，在命令行中输入边数，指定正多边形的中心，输入"C"并确定，再输入半径长度。"外切于圆"表示绘制的多边形将外切于假想的圆。

（3）通过指定一条边绘制正多边形　在命令行中输入"POL"，在命令行中输入边数，输入"E"，指定正多边形线段的起点，指定正多边形线段的端点。

11.10　绘制矩形

"矩形（REC）"命令用于绘制矩形。用该命令绘制的矩形平行于当前的用户坐标系（UCS）。

矩形命令的输入方式：

（1）Command Rectang（Rec）↙。

（2）下拉菜单　"绘图（Draw）"→"矩形（Rectang）"。

（3）工具栏　图标 ▭。

启动"矩形"命令后，命令行给出"指定第一个角点或［倒角（C）/标高（E）/圆角（F）/厚度（T）/宽度（W）］"，各选项的意义如下。

（1）指定第一个角点　继续提示，确定矩形另一个角点来绘制矩形。

（2）倒角（C）　给出倒角距离，绘制带倒角的矩形。

（3）标高（E）　给出线的标高，绘制有标高的矩形。

（4）圆角（F）　给出圆角半径，绘制有圆角半径的矩形。

（5）厚度（T）　给出矩形的厚度，绘制有厚度的矩形。

（6）宽度（W）　给出线的宽度，绘制有线宽的矩形。

矩形绘制如图 11-6 所示。

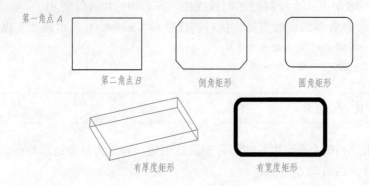

图 11-6　矩形绘制步骤

11.11　绘制圆

"圆（C）"命令用于绘制圆。

圆命令的启动方式：

1）直接在"绘图"工具栏上单击"圆"按钮 ⊙。

2）在"绘图"菜单下单击"圆"命令。

3）直接在命令行中输入"C"。

绘制圆有以下几种形式：

（1）通过指定圆心和半径（或直径）绘制圆 在命令行中输入"C"，指定圆心，指定半径或直径。

（2）创建与两个对象相切的圆 选择 AutoCAD 中"切点"对象捕捉模式，在命令行中输入"C"，单击"T"，选择与要绘制的圆相切的第一个对象，选择与要绘制的圆相切的第二个对象，指定圆的半径。

（3）三点（3P） 通过单击第一点、第二点、第三点确定一个圆。

（4）相切、相切、相切（A） 相切三个对象可以画一个圆。

（5）二点（2P） 两点确定一个圆。

在"绘图"菜单中提供了六种画圆方法，如图 11-7 所示。

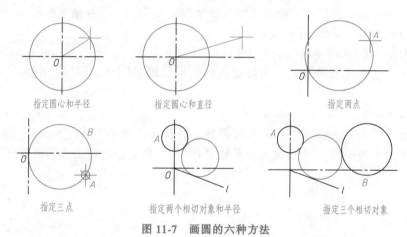

图 11-7 画圆的六种方法

11. 12 绘制圆弧

"圆弧（ARC）"命令用于绘制圆弧。

"圆弧"命令的启动方式：

1）直接在"绘图"工具栏上单击"圆弧"按钮 ⌒。

2）在"绘图"菜单下单击"圆弧"命令。

3）直接在命令行中输入"A"。

绘图菜单中提供了 10 种绘制圆弧的方式：

（1）三点 通过输入三个点的方式绘制圆弧。

（2）起点，圆心，终点 以起始点、圆心、终点方式绘制圆弧。

（3）起点，圆心，角度 以起始点、圆心、圆心角方式绘制圆弧。

（4）起点，圆心，弦长 以起始点、圆心、弦长方式绘制圆弧。

（5）起点，终点，角度 以起始点、终点、圆心角方式绘制圆弧。

（6）起点，终点，半径 以起始点、终点、半径方式绘制圆弧。

（7）起点，终点，方向　以起始点、终点、切线方向方式绘制圆弧。

（8）圆心，起点，终点　以圆心、起始点、终点方式绘制圆弧。

（9）圆心，起点，角度　以圆心、起始点、圆心角方式绘制圆弧。

（10）圆心，起点，弦长　以圆心、起始点、弦长方式绘制圆弧。

在默认状态下，AutoCAD 以逆时针方向绘制圆弧。

11.13　绘制圆环

"圆环（DONUT）" 命令用于绘制圆环。

"圆环" 命令的启动方式：

1）键盘输入 "Donut"。

2）在 "绘图" 菜单中单击 "Donut" 子菜单。

用上述两种方式中的任意一种方式输入命令后，AutoCAD 会有如下提示：

指定圆环的内径（Inside diameter）＜0.5000＞：

指定圆环的外径（Outside diameter）＜1.000＞：

此时系统会在给定的位置上，用给定的内、外径绘出圆环。同时，AutoCAD 会有如下提示：

指定圆环的中心点（Center of doughnut）：

若继续输入中心点，会得到一系列的圆环；但若在该提示下按〈Space〉键或〈Enter〉键，将结束本命令的操作。图 11-8 所示是用 "Donut" 命令绘制的一系列的圆环。

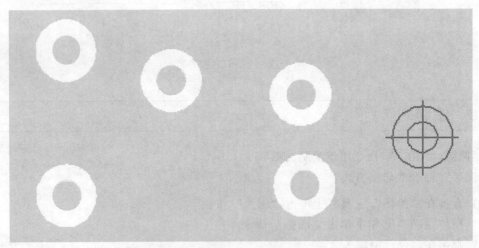

图 11-8　圆环

11.14　绘制椭圆

"椭圆（ELLIPSE）" 命令用于绘制椭圆。

"椭圆" 命令的启动方式：

1）直接在 "绘图" 工具栏上单击 "椭圆" 按钮 ⬭。

2）在"绘图"菜单下单击"椭圆"命令。

3）键盘输入"Ellipse"。

用上述几种方法中任意一种命令后，AutoCAD 将有以下提示：

指定椭圆的轴端点或 ［圆弧 (A)/中心点 (C)］:

在该提示行中，用户有如下几种选择。

1）利用椭圆某一轴上的两个端点的位置以及另一轴的半轴长度绘制椭圆。在提示下直接输入某一轴的端点后，AutoCAD 将提示：

指定轴的另一个端点：（输入该轴上的另一个端点）

指定另一条半轴长度或 ［旋转 (R)］:（输入另一轴的半轴长度）

执行完以上操作后，AutoCAD 将利用一轴的两个端点以及另一轴的半轴长度绘制椭圆。

2）利用椭圆某一轴上的两个端点的位置以及一个转角绘制椭圆。操作时，直接输入"A"后，AutoCAD 将作以下提示：

指定椭圆弧的轴端点或 ［中心点 (C)］:（输入某一轴的端点）

指定轴的另一个端点：（输入该轴上的另一个端点）

指定另一条半轴长度或 ［旋转 (R)］: R

指定绕长轴旋转的角度：输入椭圆的转角

3）利用椭圆的中心坐标、某一轴上的一个端点的位置以及另一轴的半轴长度绘制椭圆。

4）利用椭圆的中心坐标、某一轴上的一个端点的位置以及任一转角绘制椭圆。

11.15 绘制样条曲线

"样条曲线 (SPL)"命令用于绘制样条曲线。

"样条曲线"命令的启动方式：

1）直接在"绘图"工具栏上单击"样条曲线"按钮。

2）在"绘图"菜单下单击"样条曲线"命令。

3）键盘输入"Spline"。

用上述方法中任意一种输入命令后，AutoCAD 将提示：

指定第一个点或 ［对象 (O)］:

在使用该命令绘图过程中，各项说明如下：

（1）指定下一点　指定样条曲线上的另一点。

（2）闭合 (C)　绘封闭的样条曲线。执行该选项时，AutoCAD 会提示：

指定切向：

指定样条曲线在闭合点的切线方向

执行完上述操作后，AutoCAD 会按照指定条件绘制出封闭的样条曲线。

（3）拟合公差 (F)　可按照指定的公差绘制出样条曲线。

（4）指定起点切向　执行样条曲线第一点的切线方向。

（5）指定端点切向　执行样条曲线端点的切线方向。

（6）对象 (O)　选取实体进行编辑。将已存在的拟合样条曲线多段线转化为等价的样条曲线。

其中，在执行完前两项操作后，AutoCAD 会按照指定条件绘制出封闭的样条曲线。

11.16　定数等分

用户可以利用"定数等分（DIVIDE）"命令，沿着直线或圆周方向均匀地间隔一段距离排列点实体或块。用户可以利用该命令等分圆弧、圆、椭圆、椭圆弧、多段线以及样条曲线等实体。

"定数等分"命令的启动方式：

1）在"绘图"菜单下单击点子菜单中的"定数等分（D）"选项。

2）键盘输入"divide"。

启动该命令后，命令窗口中各项的意义如下：

（1）选择要定数等分的对象　选择对象。

（2）输入线段数目　直接输入等分段的数目。

（3）块（B）　如等分对象是块，选择该命令。

（4）输入要插入的块名　输入块的名称。

11.17　定距等分

用户可以利用 AutoCAD 提供的"定距等分（MEASURE）"命令在实体上按测量的间距排列点实体或块。

"定距等分"命令的启动方式：

1）在"绘图"菜单下单击点子菜单中的"定距等分（M）"选项。

2）键盘输入"Measure"。

启动该命令后，命令窗口中各项的意义如下。

（1）选择要定距等分的对象　选择对象。

（2）指定线段长度　直接输入等分段的长度。

（3）块（B）　如等分对象是块，选择该命令。

（4）输入要插入的块名　输入块的名称。

11.18　徒手画线

在绘制图形过程中，有时需要绘制一些不规则的线条，AutoCAD 根据用户的这一需要提供了"徒手画线（SKETCH）"命令。用户可以通过该命令，移动光标在屏幕上绘制出任意形状的线条或图形，就像用户自己在图纸上直接用笔画一样。

"徒手画线"命令的启动方式：键盘输入"Sketch"。

用"SKETCH"命令绘制的图形每个部分都是单独的实体。用户要选取图形进行编辑时，建议用选取框进行选取。

第 12 章

二维图形的编辑

本章主要讲述 AutoCAD 的一些基本编辑方法，如取消和重做、删除和恢复、复制、移动、旋转、修剪、延伸、缩放、拉伸、偏移、阵列、镜像、打断、倒角和分解等一些基本编辑命令，让用户在一些简单的图样绘制过程中能得心应手。

12.1　对象选择

AutoCAD 的强大功能在于对图形的编辑，即通过对已存在的图形进行复制、移动、镜像和修剪等操作以完成工程图。

AutoCAD 提供了 16 种对象选择方法，用户可以根据需要选择合适的方法。

1）自动选择（Auto）。

2）W 窗口选（Window）。

3）C 窗口选（Crossing）。

4）BOX 选（Box）。

5）最后图元（Last）。

6）前选择集（Previous）。

7）移去（Remove）。

8）添加（Add）。

9）取消（Undo）。

10）WP 窗口选（WPolygon）。

11）CP 窗口选（CPolygon）。

12）围栏选（Fence）。

13）全部选（All）。

14）组选（Group）。

15）单一选择（Single）。

16）多点选（Multiple）。

12.2 基本编辑

一幅工程图不可能仅利用绘图命令完成，通常会由于作图需要或误操作产生多余的线条，因此需要对图线进行修改。AutoCAD 将各种图形编辑修改命令的工具按钮集中在"修改（Modify）"工具条上，如图 12-1 所示。

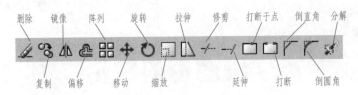

图 12-1 "修改"工具条

12.2.1 取消和重做

在本节中，介绍"取消（UNDO)"和"重做（REDO)"这一组帮助用户改正绘制过程中误操作的命令。

1. 取消

在绘图过程中，用户难免有绘制错的地方，使用"UNDO"命令，可改正一些错误。

"取消"命令的启动方式：

1）在编辑菜单下单击"取消"子选项。

2）键盘输入"Undo"或"U"。

3）按快捷键〈Ctrl+Z〉。

AutoCAD 的"UNDO"命令具有如下的功能。

1）"UNDO"命令可以无限制地逐级取消多个操作步骤，直到返回当前图形的开始状态。

2）"UNDO"命令不受存储图形的影响，用户可以保存图形，而"UNDO"命令仍然有效。

3）"UNDO"命令适用于几乎所有的命令，"UNDO"命令不仅可以取消用户绘图操作，而且还能取消模式设置、图层的创建以及其他操作。

4）"UNDO"命令提供了多个用于管理命令组或同时删除几个命令的不同选项。

AutoCAD 的"UNDO"命令所具有的功能并不适用于所有的 AutoCAD 命令，也不能恢复所有系统设置。以下功能就不受"UNDO"命令的影响。

1）用 Config 所配置的 AutoCAD 选项。

2）New 或 Open 所建立或捕捉的图形。

3）Psout、Qsave、Save 和 Saves 所存盘的图形。

4）Polt 所输出的图形。"UNDO"命令不可能让打印机收回打印纸，并擦去上面的图形。

2. 重做

用户在操作"UNDO"命令时难免会发生操作失误，"REDO"命令能帮助用户挽回最近一次的失误。

"重做"命令的启动方式：

1）在编辑菜单下单击"重做"子选项。

2）键盘输入"Redo"。

3）按快捷键〈Ctrl+Y〉。

12.2.2 删除

在绘图过程中可能会有一些错误或没用的图形，在最终的图样上不应出现这些痕迹。"删除（ERASE）"命令为用户提供了删除功能。

"删除"命令的启动方式：

1）在修改菜单下单击"删除"子选项。

2）在"修改"工具栏上单击"删除"按钮 。

3）键盘输入"Erase"或"E"。

"ERASE"命令的具体操作过程如下。

用上述几种方式中任意一种输入命令后，AutoCAD 将提示：

选择需要删除的对象，↙

在选择实体时，用户既可用拾取框选取实体，也可用 Bounding Window（界限窗口）和 Crossing Window（相交窗口）方法选择实体。

使用"ERASE"命令时，假如用户因误操作，删除了一些有用的图形实体，则在删除之后，可用"OOPS"或"UNDO"命令将删除的实体恢复。

12.2.3 复制

在一张图样中，往往有些实体是相同的。如果用户一次又一次重复绘制这些相同的实体，实在麻烦。"复制（COPY）"命令能让用户省去这些麻烦，让用户十分方便地将实体对象的一个或多个副本复制到新的位置上。本节将介绍复制方法的具体操作过程。

"复制"命令的启动方式：

1）在编辑菜单下单击"复制"子选项。

2）在"修改"工具栏上单击"复制"按钮 。

3）键盘输入"Copy"或"Co"。

"Copy"命令的具体操作过程如下。

1）选择对象：选择所要复制的实体目标。

2）指定基点或位移，或者"重复（M）"（可直接借助对象捕捉功能或十字光标确定基点位置也可输入"M"↙进行复制）。

3）指定位移的第二点：指定基点的第二位置。

4）若选择重复复制，则 AutoCAD 会反复提示，要求用户确定另一个终点位置，直至按〈Enter〉键或按鼠标右键才会结束。

12.2.4 移动

为了调整各实体的相对位置和绝对位置，常常需要移动图形或文本实体的位置。"移动（MOVE）"命令能帮助用户完成实体的位置移动。本节将介绍"移动"命令使用的具体操作过程。

"移动"命令的启动方式：

1）在修改菜单下单击"移动"子选项。

2）在"修改"工具栏上单击"移动"按钮✛。

3）键盘输入"Move"或"M"。

"MOVE"命令的具体操作过程如下：

1）选择对象：选择所要移动的实体目标。

2）指定基点或位移：可直接借助对象捕捉功能或十字光标确定基点位置。

3）指定位移的第二点：指定基点的第二位置。

12.2.5 旋转

为保持各个实体与整张图之间的一致性常常需要旋转实体。"旋转（ROTATE）"命令可以执行旋转功能。本节将介绍有关的操作过程。

"旋转"命令的启动方式：

1）在修改菜单下单击"旋转"子选项。

2）在"修改"工具栏上单击旋转按钮↻。

3）键盘输入"Rotate"或"RO"。

"ROTATE"命令的具体操作过程如下：

1）选择对象：选择所要旋转的实体目标。

2）指定基点：可直接借助对象捕捉功能或十字光标确定基点位置。

3）指定旋转角度：指定对象的旋转角度。角度值前面有"+"或没有时，则实体按逆时针方向旋转；角度值前面有"−"，则实体按顺时针方向旋转。

12.2.6 修剪

当用户操作一个有多个对象的图形时，若要剪去图形中一些对象的一部分，逐个剪切将需要很多的时间，而"修剪（TRIM）"命令可以剪去对象上超过需要交点的那部分。本节将介绍有关的操作过程。

"修剪"命令的启动方式：

1）在修改菜单下单击"修剪"选项。

2）在"修改"工具栏上单击"修剪"按钮⊹。

3）键盘输入"Trim"。

"TRIM"命令的具体操作过程如下：

1）选择对象：选取实体对象作为剪切边界。

2）选择要修剪的对象，或按住〈Shift〉键选择要延伸的对象，或［投影（P）/边（E）/放弃（U）］：（选取被剪切对象的被剪切部分）。

括号中各选项的含义如下。

- 投影（P）：确定执行修剪的空间。
- 边（E）：用来确定修剪方式。
- 放弃（U）：取消上一次的操作。

12.2.7 延伸

"延伸"命令与"修剪"命令相反。用"延伸（EXTEND）"命令可以拉长或延伸直线或弧，使它与其他的实体相接。下面介绍有关的操作过程。

"延伸"命令的启动方式：

1）在修改菜单下单击"延伸"子选项。

2）在"修改"工具栏上单击"延伸"按钮 。

3）键盘输入"Extend"或"Ex"。

"EXTEND"命令的具体操作过程如下。

1）选择对象：选取边界边。

2）选择要延伸的对象，或按住〈Shift〉键选择要修剪的对象，或［投影（P）/边（E）/放弃（U）］：（选取延伸边）。

括号中各选项的含义如下。

- 投影（P）：确定执行延伸的空间。
- 边（E）：确定延伸的方式。
- 放弃（U）：取消上一次的操作。

12.2.8 缩放

"缩放（SCALE）"是一个非常有用和节省时间的编辑命令，它可按用户的需要将任意图形放大或缩小，而不需要重画。本节将介绍有关的操作过程。

"缩放"命令的启动方式：

1）在修改菜单下单击"缩放"选项。

2）在"修改"工具栏上单击"缩放"按钮 。

3）键盘输入"Scale"或"SC"。

"SCALE"命令的具体操作过程如下。

1）选择对象：选取要缩放的对象。

2）指定基点：可直接借助对象捕捉功能或十字光标确定基点位置。

3）指定比例因子或［参照（R）］：指定缩放系数。该选项为默认项，若用户直接输入缩放系数，即执行该选项。AutoCAD 将把所选实体按该缩放系数相对于基点进行缩放。

4）参照（R）：将所选实体按参考的方式缩放。

12.2.9 拉伸

用"拉伸（STRETCH）"命令可以在一个方向上按用户所确定的尺寸拉伸图形。本节将具体介绍有关的操作过程。

"拉伸"命令的启动方式：

1）在修改菜单下单击"拉伸"选项。

2）在"修改"工具栏上单击"拉伸"按钮。

3）键盘输入"Stretch"或"S"。

"STRETCH"命令的具体操作过程如下。

1）选择对象：用 CP 也可用 C 方式选择物体。

2）指定基点或位移：指定基点。

3）指定位移的第二个点或 <用第一个点作位移>：选择基线上的第二点或直接按〈Enter〉键。

12.2.10 偏移

用"偏移（OFFSET）"命令建立一个与原实体相似的另一个实体。

"偏移"命令的启动方式：

1）在修改菜单下单击"偏移"选项。

2）在"修改"工具栏上单击"偏移"按钮。

3）键盘输入"Offset"或"O"。

"OFFSET"命令的具体操作过程如下。

1）指定偏移距离或［通过（T）］：指定偏移距离或选择"T"，即通过点确定偏移位置。

2）选择要偏移的对象。

3）指定点以确定偏移所在一侧：单击选取要偏移的方向。

操作中应注意以下几点问题。

1）执行"OFFSET"命令，只能用拾取框选取实体。

2）多段线给定距离偏移时，偏移距离按中心线偏移距离计算。

3）不同图形执行"OFFSET"命令，会有不同结果。

12.2.11 阵列

"阵列"命令主要用来创建有规律的多个相同的对象。

"阵列"命令的启动方式：

1）在修改菜单下单击"阵列"选项。

2）在"修改"工具栏上单击"阵列"按钮。

3）键盘输入"Array"或"AR"。

具体的操作过程如下。

1）矩形阵列：默认项。

- 行：输入矩形阵列的行数。
- 列：输入矩形阵列的列数。
- 行偏移：输入矩形阵列的行间距。
- 列偏移：输入矩形阵列的列间距。
- 阵列角度：输入矩形阵列的旋转角度。
- 选择对象：选取要阵列的对象，按〈Enter〉键。

2）环形阵列。
- 拾取中心点：输入环形阵列的阵列中心点的位置。
- 项目总数：输入阵列的个数。
- 填充角度：输入环形阵列的圆心角。
- 选择对象：选取要阵列的对象，按〈Enter〉键。

12.2.12 镜像

在绘图过程中常需绘制对称图形。此时，可以只绘制一半图形，然后执行"镜像（MIRROR）"命令完成另一半图形的绘制。

"镜像"命令的启动方式：

1）在修改菜单下单击"镜像"选项。

2）在"修改"工具栏上单击"镜像"按钮。

3）键盘输入"Mirror"或"MI"。

具体的操作过程如下。

1）选择对象：选取欲镜像的对象。

2）指定镜像线的第一点，指定镜像线的第二点（指定镜像对称轴）。

3）是否删除源对象？［是（Y)/否（N)］<N>：按〈Enter〉键。

12.2.13 打断

用"打断（BREAK）"命令可以把实体中某一部分在选中的某点处断开，进而删除。

"打断"命令的启动方式：

1）在修改菜单下单击"打断"选项。

2）在"修改"工具栏上单击"打断"按钮。

3）键盘输入"Break"或"BR"。

具体的操作过程如下。

1）选择对象：（选取欲打断的对象）单击鼠标选择。

2）指定第二个打断点或［第一点（F)］：可直接指定第二个打断点或重新指定两个打断点，按〈Enter〉键。

12.2.14 倒直角

"倒直角"命令用于倒直角。

"倒直角"命令的启动方式：

1）在修改菜单下单击"倒角"选项。

2）在"修改"工具栏上单击"倒角"按钮。

3）键盘输入"Chamfer"或"CHA"。

启动命令后，命令窗口提示如下：

选择第一条直线或［多段线（P）/距离（D）/角度（A）/修剪（T）/方式（M）/多个（U）］：

该提示行中各选项的含义如下。

- 选择第一条直线：可连续选择两条直线进行倒角。
- 多段线（P）：对多段线的各个顶点倒角。
- 距离（D）：确定倒角的两个距离。
- 角度（A）：根据一个倒角距离和一个角度进行倒角。
- 修剪（T）：确定倒角时是否对相应的倒角也进行修剪。
- 方式（M）：确定按什么方式倒角。
- 多个（U）：可进行多次倒角。

12.2.15 倒圆角

"倒圆角"命令用于倒圆角。

"倒圆角"命令的启动方式：

1）在修改菜单下单击"圆角"选项。

2）在"修改"工具栏上单击"圆角"按钮。

3）键盘输入"Fillet"或"F"。

启动命令后，命令窗口提示如下：

选择第一个对象或［多段线（P）/半径（R）/修剪（T）/多个（U）］：

该提示行中各选项的含义如下。

- 选择第一个对象：可连续选择两个对象进行倒圆角。
- 多段线（P）：对二维多段线倒圆角。
- 半径（R）：确定要倒圆角的圆角半径。
- 修剪（T）：确定倒圆角是否修剪边界。
- 多个（U）：可进行多次倒圆角。

12.2.16 分解

用户可以利用"分解（Explode）"命令将所选实体分解，以便进行其他的编辑命令的操作。

"分解"命令的启动方式：

1）在修改菜单下单击"分解"选项。

2）在"修改"工具栏上单击"分解"按钮。

3）键盘输入"Explode"。

具体的操作过程如下。

1）选择对象：（选取欲分解的对象）单击鼠标选择。

2）单击"分解"命令，按〈Enter〉键。

12.3 图案填充

要重复绘制某些图案以填充图形中的一个区域，从而表达该区域的特征，这种填充操作称为图案填充。

12.3.1 绘制方式

1）直接在"绘图"工具栏上单击"填充"按钮。

2）在绘图菜单下单击"填充"命令。

3）在命令行中直接输入"H"。

12.3.2 填充选定对象的步骤

1）从命令行中输入"H"，在其对话框中选择"选择对象"。

2）指定要填充的对象，对象不必构成闭合边界。

3）确定。

12.3.3 填充对话框

"图案填充和渐变色"对话框如图 12-2 所示。其各个选项的意义如下。

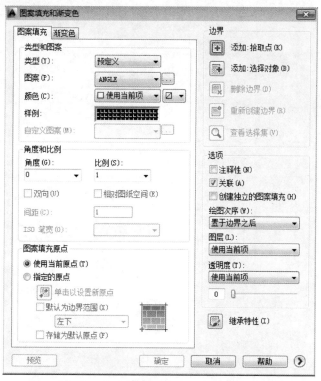

图 12-2 "图案填充和渐变色"对话框

- 类型和图案：可以设置图案填充的类型和图案。

- 拾取点：是指以鼠标左键单击位置为准向四周扩散，遇到线形就停，所有显示虚线的图形是填充的区域，一般填充的是封闭的图形。

- 选择对象：是指鼠标左键击中的图形为填充区域，一般用于不封闭的图形。

- 继承特性：图案的类型、角度和比例完全一致地复制在另一填充区域内。

- 关联：关联状态下的填充是指填充图形中有障碍图形的，当删除障碍图形时，障碍图形内的空白位置被填充图案自动修复。

- 角度和比例：可以设置用户定义类型的图案填充的角度和比例等参数。注意：比例大小要适当，过大过小都会导致填充不上。

第13章

文本标注

文本是 AutoCAD 图形最重要的组成部分之一，是图形的固有组成部分，它与其他图形元素紧密结合。图形中的文本多用于对图形进行简要的描述和注释，但文本也可以由描述、注释或其他说明图形的较长段落组成。本章将介绍 AutoCAD 的文本标注与编辑功能。

13.1 用 TEXT 命令标注文本

"TEXT"命令是最简单的文本输入和编辑格式，它允许用户逐一输入单行文本。该命令快速易用。

13.1.1 标注文本

"TEXT"命令的启动方式：

1) 在绘图菜单下单击文字子菜单中的单行"文字"选项。

2) 键盘输入"Text"。

启动"TEXT"命令后，其各个选项的意义如下。

- 指定文字的起点（默认项）：用来确定文本行基线的起点。
- 对正（J）：确定所标注文本的排列方式。
- 样式（S）：确定标注文本时所用的字体式样。
- 指定高度：指定文字的高度。
- 指定文字的旋转角度：输入文本行的倾斜角度。
- 输入文字：输入字符串。

13.1.2 标注控制码与特殊字符

在实际的工程绘图中，难免需要标注一些特殊字符。而这些字符不能够从键盘上直接输入，为此 AutoCAD 提供了各种控制码以满足用户这一要求。控制码一般由两个百分号（%%）和一个字母组成。它们具体的符号以及含义如下：

- %%O：添加文本的上划线。

- %%U：添加文本的下划线。
- %%D：在文本中添加"°"角度符号。
- %%P：在文本中添加"±"正负公差符号。
- %%C：在文本中添加"φ"直径符号。
- %%%：在文本中添加"%"符号。

13.2　用 MTEXT 命令标注多行文本

"MTEXT"命令的启动方式：

1）在绘图菜单下单击文字子菜单中的"多行文字"选项。

2）在绘图工具栏上单击"多行文字"按钮 。

3）键盘输入"Mtext"。

启动"MTEXT"命令后，其各个选项的意义如下。

- 指定第一个角点和对角点：确定一个矩形写文字的区域。
- 高度（H）：确定文本字符的高度。
- 对正（J）：确定所标注的文本的排列形式。
- 行距（L）：确定文本的每排之间的间距。
- 旋转（R）：确定文本行的倾斜角度。
- 样式（S）：确定所标注文本的字体式样。
- 宽度（W）：确定文本的宽度。

13.3　定义字体式样

"定义字体样式"命令的启动方式：

1）在格式菜单下单击"文字样式"选项。

2）键盘输入"Ddstyle"或"Style"。

启动该命令后，会弹出"文字样式"对话框，各选项的意义如下：

- 样式名：建立新字体样式的名字，为已有的式样更名或删除。
- 预览：预览所选择或所确定的字体式样的形式。
- 字体名：选择字体文件。
- 效果：外观确定字体的特征。
- 应用：应用用户对字体式样的设置。
- 帮助：提供字体式样的有关帮助信息。
- 关闭：关闭对话框。
- 取消：取消对字体样式的设置。

13.4　编辑文本

"编辑文本"命令的启动方式：

1）绘图菜单→"对象"→"文字"→"编辑"选项。

2）在"文字"工具栏上单击"编辑文字"按钮 。

3）键盘输入"Ddedit"。

启动该命令后，命令提示行的意义如下：

● 选择注释对象：选取欲编辑的文本。在弹出的对话框中，直接对文字进行修改。

● 放弃（U）：取消上一次的操作。该选项可以连续使用，直至删除所有标注的文本内容。

第 14 章

尺 寸 标 注

尺寸标注显示了对象的测量值、对象之间的距离、角度或特征距指定点的距离等，是绘制图形必不可少的部分。

14.1 尺寸标注的规则

1）物体的真实大小应以图样上所标注的尺寸数值为依据，与图形的大小及绘图的准确度无关。

2）图样中的尺寸以毫米为单位时，不需要标注计量单位的代号或名称。

3）图样中所标注的尺寸为该图样所表示的物体的最后完工尺寸，否则应另加说明。

4）物体的每一尺寸，一般只标注一次，并应标注在最后反映该机构最清晰的图形上。

14.2 创建与设置标注的样式

打开"标注样式管理器"对话框的方法有以下几种：

1）单击"标注"工具栏上的标注样式按钮 。

2）格式菜单下选择"标注样式"命令。

3）键盘输入"D"并确定或按〈Ctrl+M〉键。

"标注样式管理器"对话框如图 14-1 所示。

单击"修改"按钮，弹出"修改标注样式"对话框，如图 14-2～图 14-4 所示。

1. "直线和箭头"选项卡

● "尺寸线"选项区：可以设置尺寸线的颜色、线宽、超出标记以及基线间距等属性。

● "尺寸界线"选项区：可以设置尺寸界线的颜色、线宽、超出尺寸线的长度和起点偏移量、隐藏控制等属性，如图 14-2 所示。

2. "文字"选项卡

● "文字外观"选项区：可以设置文字的样式、颜色、高度、分数高度比例以及控制是否绘制文字的边框，如图 14-3 所示。

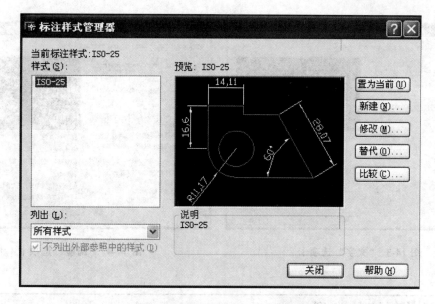

图 14-1 "标注样式管理器"对话框

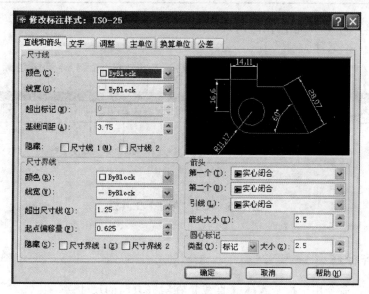

图 14-2 "直线和箭头"选项卡

- "文字位置"选项区：可以设置文字的垂直、水平位置以及距尺寸线的偏移量。
- "文字对齐"选项区：可以设置标注文字是保持水平还是与尺寸线对齐。

3. "调整"选项卡

- "调整选项"选项区：可以确定当尺寸界线之间没有足够空间同时放置标注文字和箭头时，应首先从尺寸界线之间移出的对象。
- "文字位置"选项区：可以设置当文字不在默认位置时的位置。
- "标注特征比例"选项区：可以设置标注尺寸的特征比例，以便通过设置全局比例因子来增加或减少各标注的大小。
- "调整"选项区：可以对标注文本和尺寸线进行细微调整，如图 14-4 所示。

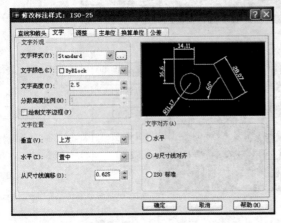

图 14-3 "文字"选项卡

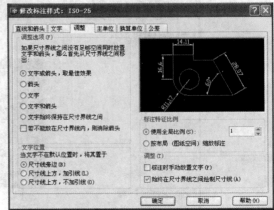

图 14-4 "调整"选项卡

14.3 尺寸标注的类型

尺寸"标注"工具栏如图 14-5 所示。

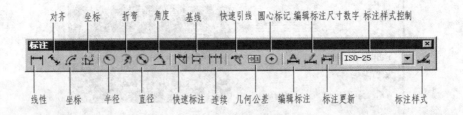

图 14-5 尺寸"标注"工具栏

14.3.1 对齐标注

"对齐标注"命令用于指定实体（直线）在对齐方向的尺寸。

创建步骤如下：

1）在标注菜单中单击"对齐"或单击"标注"工具栏中的按钮 。

2）指定物体，在指定尺寸位置之前，可以编辑文字或修改文字角度。

要使用"多行文字"命令编辑文字，可输入"M"（多行文字），在多行文字编辑器中修改文字，然后单击确定。

要使用"单行文字"命令编辑文字，可输入"T"（文字），修改命令行上的文字，然后确定。

要旋转文字，可输入"A"（角度），然后输入文字角度。

3）指定尺寸线的位置。

14.3.2 基线标注

"基线标注"命令用于以同一尺寸界线为基准的一系列尺寸标注。

创建步骤：

1）在标注菜单中选择"基线"或单击"标注"工具栏中的按钮 ⊟ 。默认情况下，上一个创建的线性标注的原点用作新基线标注的第一尺寸界线。AutoCAD 提示指定第二条尺寸界线。

2）使用对象捕捉功能选择第二条尺寸界线原点，或按〈ENTER〉键选择任意标注作为基准标注。AutoCAD 在指定距离（在"标注样式管理器"对话框的"直线和箭头"选项卡的"基线间距"选项中指定）自动放置第二条尺寸界线。

3）使用对象捕捉功能指定下一个尺寸界线原点。

4）根据需要可继续选择尺寸界线原点。

5）按两次〈ENTER〉键，结束命令。

14.3.3 连续标注

"连续标注"命令用于尺寸线串联排列的一系列尺寸标注。

创建步骤：

1）在标注菜单中选择"连续"或单击"标注"工具栏中的按钮 ⊞ 。AutoCAD 使用现有标注的第二条尺寸界线的原点作为第一条尺寸界线的原点。

2）使用对象捕捉功能指定其他尺寸界线原点。

3）按两次〈ENTER〉键，结束命令。

14.3.4 直径标注

"直径标注"命令用于标注圆或圆弧的直径尺寸。

创建步骤：

1）在标注菜单中选择"直径"或单击"标注"工具栏中的按钮 ◎ 。

2）选择要标注的圆或圆弧。

3）根据需要输入选项。要编辑标注文字内容时，输入"T"（文字）或"M"（多行文字）；要改变标注文字角度时，输入"A"（角度）。

4）指定引线的位置。

14.3.5 半径标注

"半径标注"命令用于标注圆或圆弧的半径尺寸。

创建步骤：

1）在标注菜单中选择"半径"或单击"标注"工具栏中的按钮 ◎ 。

2）选择要标注的圆弧。

3）根据需要输入选项。要编辑标注文字内容时，输入"T"（文字）或"M"（多行文字）。要改变标注文字角度时，输入"A"（角度）。

4）指定引线的位置。

14.3.6 角度标注

"角度标注"命令用于圆弧、任意两条不平行直线的夹角或两个对象之间创建角度标注。

创建步骤：

1）在标注菜单中选择"角度"或单击"标注"工具栏中的按钮 △。

2）要标注圆时，先在角的第一端点选择圆，然后指定角的第二端点；要标注其他对象时，先选择第一条直线，然后选择第二条直线。

3）要编辑标注文字内容时，输入"T"（文字）或"M"（多行文字）。在括号内（< >）编辑或覆盖将修改或删除 AutoCAD 计算的标注值。通过在括号前后添加文字可以在标注值前后附加文字；要编辑标注文字角度时，输入"A"（角度）。

14.3.7 快速引线标注

引线标注用于标注一些注释、说明和几何公差等。

创建步骤：

1）在标注菜单中选择"快速引线"或单击"标注"工具栏中的按钮 ➴。

2）按〈ENTER〉键显示"引线设置"对话框并进行以下选择：

- 在"引线和箭头"选项卡中选择"直线"，在"点数"下选择"无限制"。
- 在"注释"选项卡中选择"多行文字"。
- 选择"确定"按钮。

3）指定引线的"第一个"引线点和"下一个"引线点。

4）按〈ENTER〉键结束选择引线点。

5）指定文字宽度。

6）输入该行文字。按〈ENTER〉键根据需要输入新的文字行。

7）按两次〈ENTER〉键结束命令。

14.3.8 几何公差标注

几何公差标注如图 14-6 所示，特征控制框至少包含几何特征符号和公差值两部分，各项意义如下。

- 几何特征：用于表明位置、同心度或同轴度、对称度、平行度、垂直度、倾斜度、圆柱度、平面度、圆度、直线度等。
- 直径：用于指定一个圆形的公差带并放于公差值前。
- 公差值：用于指定特征的整体公差的数值。
- 包容条件：仅适用于圆柱面或两平行平面这类的单一要素。采用包容要求时，应在线性尺寸的极限偏差或公差代号之后加注符号"Ⓔ"。
- 基准：特征控制框中的公差值，最多可跟随三个可选的基准参照字母及其修饰符号。

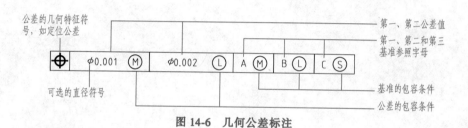

图 14-6 几何公差标注

第 15 章

图层与图块的应用

为了方便管理图形，在 AutoCAD 中提供了图层工具。图层相当于一层"透明纸"，可以在上面绘制图形，将纸一层层重叠起来构成最终的图形。在 AutoCAD 中，图层的功能和用途要比"透明纸"强大得多，用户可以根据需要创建很多图层，将相关的图形对象放在同一层上，以此来管理图形对象。

此外，用 AutoCAD 画图的最大优点就是 AutoCAD 具有库的功能且能重复使用图形的部件。

用户定义块的优点如下：

1）能建立块的完整的库，用户可以反复使用它们，以得到重复的零件。

2）使用块和嵌套是把"碎片"建成更大的图形的好方法。

3）几个重复的块与相同实体的副本相比，需要的空间更少。

15.1 图层的应用

15.1.1 图层概论

图层相当于图纸绘图中使用的重叠图纸，创建和命名图层，并为这些图层指定通用特性。通过将对象分类放到各自的图层中，可以快速有效地控制对象的显示以及对其进行更改，如墙体或标注。

图层是 AutoCAD 提供的一个管理图形对象的工具（图 15-1），用户可以根据图层对图形几何对象、文字和标注等进行归类处理。使用图层来管理它们，不仅能使图形的各种信息清晰、有序，便于观察，而且也会给图形的编辑、修改和输出带来很大的方便。

15.1.2 打开图层特性管理器的方法

1）单击"图层"工具栏中的按钮 ⬚。

2）输入"LA"。

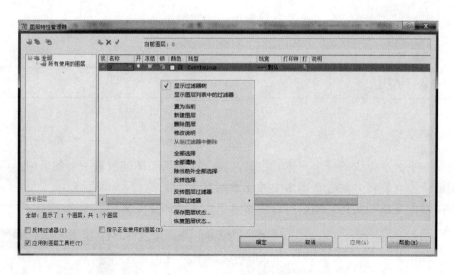

图 15-1 图层特性管理器

在弹出的"图层特性管理器"对话框中，各选项意义如下：

- 新建图层。可给图层起名，设置颜色、线型、线宽等。
- 删除图层。

注意：下列有四种图层不可删除：

1）图层 0 和定义点。

2）当前图层。

3）依赖外部参照的图层。

4）包含对象的图层。

- 开/关状态：图层处于打开状态时，该图层上的图形可以在显示器上显示，也可以打印；图层处于关闭状态时，该图层上的图形不能显示，也不能打印。

- 冻结/解冻状态：图层被冻结，该图层上的图形对象不能被显示出来，也不能打印输出，而且也不能编辑或修改；图层处于解冻状态时，该图层上的图形对象能够显示出来，也能够打印，并且可以在该图层上编辑图形对象。

注意：不能冻结当前层，也不能将冻结层改为当前层。

- 锁定/解锁状态：锁定状态并不影响该图层上图形对象的显示，用户不能编辑锁定图层上的对象，但可以在锁定的图层中绘制新图形对象。此外，还可以在锁定的图层上使用查询命令和对象捕捉功能。

- 颜色、线型与线宽：单击"颜色"列中对应的图标，可以打开"选择颜色"对话框，选择图层颜色；单击在"线型"列中的线型名称，可以打开"选择类型"对话框，选择所需的线型；单击"线宽"列显示的线宽值，可以打开"线宽"对话框，选择所需的线宽。

15.1.3 图形转移图层的方法

1）选中图形。

2）右击空白处弹出"特性"对话框。

3）在"特性"对话框的"图层"列表中选所需图层。

4）关闭对话框。

15.2　块的应用

15.2.1　定义块

块是用一个名字标识的一组实体。也就是说，这一组实体能放进一个图形中，可以进行任意比例的转换、旋转并放置在图形中的任意地方。

块可以看作是单个实体，用户可以像编辑单个实体那样编辑块。

启动方式：

1）绘图菜单→"块"→"创建"。

2）在"绘图"工具栏上单击创建块按钮 。

3）键盘输入"Block"或"B"。

启动命令后，会弹出如图 15-2 所示的"块定义"对话框。该对话框各选项含义如下：

1）名称：图块名字。用户可以直接在后面的文本框中输入块的名字。

2）基点：插入的基点。用户可以在"X""Y""Z"的文本框中直接输入插入点的 x、y、z 的坐标值；

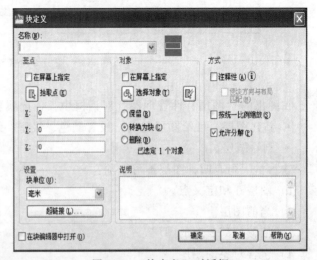

图 15-2　"块定义"对话框

也可以单击"拾取点"按钮 ，用十字光标直接在作图屏幕上点取。

3）对象：选取的要定义块的实体。

4）设置：用于设置从设计中心拖动块时的缩放单位。

5）说明：用于输入当前块的说明部分。

15.2.2　用块创建图形文件

15.2.1 节中介绍的命令定义的块只能在同一个图形中使用。有时需要调用别的图形中所定义的块，那么怎么办？AutoCAD 提供了另外一个"WBLOCK"命令，用户可以利用该命令来满足这一需求。即把所选取的图形定义为块，然后把它作为一个独立图形写入磁盘中。

用户利用对话框创建块文件时，首先选取要定义的实体，然后再启动"WBLOCK"命令，即在"Command："提示下输入"WBLOCK"或"W"并按〈Enter〉键。

输入命令后，AutoCAD 会出现如图 15-3 所示的"写块"对话框。对话框中各选项的含义如下：

1）源：设置组成块的对象来源。

2）基点：设置块的基点位置。

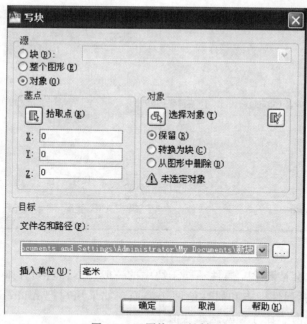

图 15-3 "写块"对话框

3）对象：选取块的对象。

4）目标：设置块的保存名称、位置。

15.2.3 插入块

AutoCAD 允许用户将已定义的块插入到当前的图形文件中。在插入块时，需确定以下几组特征参数，即要插入的块名、插入点的位置、插入的比例系数以及图块的旋转角度。

启动方式：

1）插入菜单→"块"。

2）在"绘图"工具栏上单击"插入块"按钮 ，

3）键盘输入"Insert"或"I"。

启动命令后，打开如图 15-4 所示的"插入"对话框，用户可以利用该对话框插入图形文件。该对话框中各选项的含义如下：

1）名称：用于选择块或图形的名称。

2）浏览：用户可根据路径选取已有的图形文件。

3）插入点：用于设置块的插入点位置。

4）比例：用于设置块的插入比例。可不等比例缩放图形，在 X、Y、Z 三个方向进行缩放。

5）旋转：设置插入块的旋转角度。

6）分解：可以将插入的块分解成组成块的各基本对象。

15.2.4 属性

属性是块中的文本对象，它是块的一个组成部分。属性从属于块，当利用"删除"命

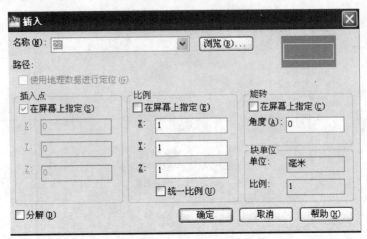

图 15-4 "插入"对话框

令删除块时，属性也会被删除。属性不同于块中的一般文本，它具有如下特点。

1）一个属性包括属性标志和属性值两个方面。如果用户把 Addressd 定义为属性标志，则具体的地名，如上海、江苏等就是属性值。

2）在定义块之前，每个属性要用"ATTDEF"命令进行定义。由它来具体规定属性默认值、属性标志、属性提示以及属性的显示格式等信息。属性定义后，该属性在图中显示出来，并把有关信息保留在图形文件中。

3）用户可以在块定义之前利用"CHANGE"命令对块的属性进行修改，也可以利用"DDEDIT"命令以对话框的方式对属性定义，如属性提示、属性标志以技术默认值作修改。

4）在插入块之前，AutoCAD 将通过属性提示要求用户输入属性值。插入块后，属性以属性值表示。因此同一个定义块，在不同的插入点可以有不同的属性值。如果在定义属性时，把属性值定义为常量，则 AutoCAD 将不询问属性值。

5）插入块后，用户可以通过"ATTDISP"命令来修改属性的显示可见性，还可以利用"ATTEDIT"等命令对属性作修改。

附　　录

附录 A　螺纹

表 A-1　普通螺纹直径与螺距系列、基本尺寸（摘自 GB/T 193—2003、摘自 GB/T 196—2003）

（单位：mm）

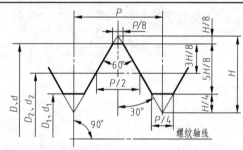

D——内螺纹大径
d——外螺纹大径
D_2——内螺纹中径
d_2——外螺纹中径
D_1——内螺纹小径
d_1——外螺纹小径
P——螺距

标记示例：

M10-6g（粗牙普通外螺纹，公称直径 d = 10mm，右旋，中径及大径公差带均为 6g，中等旋合长度）

M10×1-6H-LH（细牙普通内螺纹，公称直径 D = 10mm，螺距 P = 1mm，左旋，中径及小径公差带均为 6H，中等旋合长度）

公称直径 D、d			螺距 P		粗牙螺纹小径
第一系列	第二系列	第三系列	粗牙	细牙	D_1、d_1
4	—	—	0.7	0.5	3.242
5	—	—	0.8		4.134
6	—	—	1	0.75	4.917
	7	—			5.917
8	—	—	1.25	1、0.75	6.647
10	—	—	1.5	1.25、1、0.75	8.376
12	—	—	1.75	1.25、1	10.106
—	14	—	2	1.5、1.25、1	11.835
—	—	15		1.5、1	*13.376
16	—	—	2	1.5、1	13.835
—	18	—	2.5	2、1.5、1	15.294
20	—	—			17.294
—	22	—			19.294

（续）

公称直径 D、d			螺距 P		粗牙螺纹小径
第一系列	第二系列	第三系列	粗牙	细牙	D_1、d_1
24	—		3	2、1.5、1	20.752
—	—	25	—	2、1.5、1	* 22.835
—	27		3	2、1.5、1	23.752
30	—		3.5	(3)、2、1.5、1	26.211
—	33			(3)、2、1.5	29.211
—	—	35	—	1.5	* 33.376
36	—	—	4	3、2、1.5	31.670
—	39	—			34.670

注：1. 优先选用第一系列，其次是第二系列，第三系列尽可能不用。

2. 括号内尺寸尽可能不用。

3. M14×1.25 仅用于发动机的火花塞；M35×1.5 仅用于滚动轴承锁紧螺母。

4. 带 * 号的为细牙参数，是对应于第一种细牙螺距的小径尺寸。

表 A-2 管螺纹 　　　　　　　　　　　　　　　　　（单位：mm）

55°密封管螺纹	55°非密封管螺纹
（摘自 GB/T 7306.1——2000）	（摘自 GB/T 7307—2001）

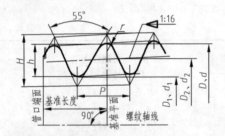 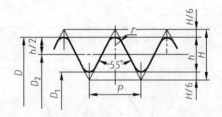

标记示例：

R1/2(尺寸代号 1/2,右旋圆锥外螺纹)

Rc1/2LH(尺寸代号 1/2,左旋圆锥内螺纹)

Rp1/2(尺寸代号 1/2,右旋圆柱内螺纹)

标记示例：

G1/2 LH(尺寸代号 1/2,左旋内螺纹)

G1/2A(尺寸代号 1/2,A 级右旋外螺纹)

G1/2B LH(尺寸代号 1/2,B 级左旋外螺纹)

尺寸代号	基准平面内的基本直径（GB/T 7306.1）、基本直径(GB/T 7307)			螺距 P	牙高 h	每 25.4mm 内的牙数 n	外螺纹的有效螺纹长度（GB/T 7306.1）不小于	基准的基本距离（GB/T 7306.1）
	大径 $d=D$	中径 $d_2=D_2$	小径 $d_1=D_1$					
1/16	7.723	7.142	6.561	0.907	0.581	28	6.5	4.0
1/8	9.728	9.147	8.566				6.5	4.0
1/4	13.157	12.301	11.445	1.337	0.856	19	9.7	6.0
3/8	16.662	15.806	14.950				10.1	6.4
1/2	20.955	19.793	18.631	1.814	1.162	14	13.2	8.2
3/4	26.441	25.279	24.117				14.5	9.5

（续）

尺寸代号	基准平面内的基本直径（GB/T 7306.1）、基本直径（GB/T 7307）			螺距 P	牙高 h	每 25.4mm 内的牙数 n	外螺纹的有效螺纹长度（GB/T 7306.1）不小于	基准的基本距离（GB/T 7306.1）
	大径 $d=D$	中径 $d_2=D_2$	小径 $d_1=D_1$					
1	33.249	31.770	30.291				16.8	10.4
$1^1/4$	41.910	40.431	28.952				19.1	12.7
$1^1/2$	47.803	46.324	44.845				19.1	12.7
2	59.614	58.135	56.656				23.4	15.9
$2^1/2$	75.184	73.705	72.226	2.309	1.479	11	26.7	17.5
3	87.884	86.405	84.926				29.8	20.6
4	113.030	111.551	110.072				35.8	25.4
5	138.430	136.951	135.472				40.1	28.6
6	163.830	162.351	160.872				40.1	28.6

表 A-3　常用的螺纹公差带

螺纹种类	公差精度	外　螺　纹			内　螺　纹		
		S	N	L	S	N	L
普通螺纹（GB/T 197—2018）	精密	(3h4h)	* 4h (4g)	(5h4h) (5g4g)	4H	5H	6H
	中等	(5g6g) (5h6h)	⬚6g⬚, * 6e 6h, * 6f	7g6g (7h6h) (7e6e)	* 5H (5G)	⬚6H⬚ * 6G	* 7H (7G)
	粗糙	—	8g, (8e)	(9g8g) (9e8e)	—	7H, (7G)	8H (8G)
梯形螺纹（GB/T 5796.4—2005）	中等	—	7e	8e	—	7H	8H
	粗糙	—	8c	9c	—	8H	9H

注：1. 大量生产的精制紧固件螺纹，推荐采用带方框的公差带。

　　2. 带 * 的公差带优先选用，括号内的公差带尽可能不用。

　　3. 公差精度选用原则：精密——用于精密螺纹；中等——一般用途；粗糙——用于制造螺纹有困难的场合。

附录 B　常用标准件

表 B-1　六角头螺栓　　　　　　　　　　（单位：mm）

六角头螺栓　C 级
（摘自 GB/T 5780—2016）

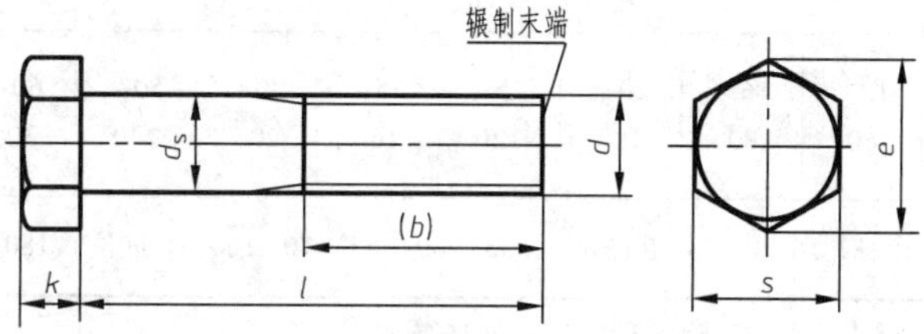

标记示例：

　　螺栓　GB/T 5780 M20×100（螺纹规格 $d=20$mm，公称长度 $l=100$mm，性能等级为 4.8 级，不经表面处理，杆身半螺纹，产品等级为 C 级的六角头螺栓）

（续）

六角头螺栓 全螺纹 C 级
（摘自 GB/T 5781—2016）

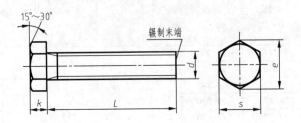

标记示例：

螺栓 GB/T 5781 M12×80（螺纹规格 $d=12$mm，公称长度 $l=80$mm，性能等级为 4.8 级，不经表面处理，全螺纹，产品等级为 C 级的六角头螺栓）

螺纹规格 d		M5	M6	M8	M10	M12	M16	M20	M24	M30	M36	M42	M48
$b_{参考}$	$l_{公称}$ ≤125	16	18	22	26	30	38	40	54	66	—	—	—
	125<$l_{公称}$ ≤200	—	—	28	32	36	44	52	60	72	84	96	108
	$l_{公称}$ >200	—	—	—	—	—	57	65	73	85	97	109	121
$k_{公称}$		3.5	4.0	5.3	6.4	7.5	10	12.5	15	18.7	22.5	26	30
s_{max}		8	10	13	16	18	24	30	36	46	55	65	75
e_{min}		8.63	10.89	14.2	17.59	19.85	26.17	32.95	39.55	50.85	60.79	71.3	82.6
d_{smax}		5.48	6.48	8.58	10.58	12.7	16.7	20.8	24.8	30.8	37.0	45.0	49.0
$l_{范围}$	GB/T 5780—2000	25~ 50	30~ 60	40~ 80	45~ 100	55~ 120	65~ 160	80~ 200	100~ 240	120~ 300	140~ 300	180~ 420	200~ 480
	GB/T 5781—2000	10~ 50	12~ 60	16~ 80	20~ 100	25~ 120	35~ 160	40~ 200	50~ 240	60~ 300	70~ 360	80~ 420	90~ 480
$l_{公称}$		10、12、16、20~50（五进位）、（55）、60、（65）、70~160（10 进位）、180、220~500（20 进位）											

注：1. 括号内的规格尽可能不用。末端按 GB/T 2—2016 规定。

2. 螺纹公差：8g（GB/T 5780—2016）；6g（GB/T 5781—2016）；力学性能等级：4.6 级、4.8 级；产品等级：C。

表 B-2 双头螺柱

（摘自 GB/T 897、898、899、900—1988） （单位：mm）

$b_m = 1d$（GB/T 897—1988）　　$b_m = 1.25d$（GB/T 898—1988）　　$b_m = 1.5d$（GB/T 899—1988）　　$b_m = 2d$（GB/T 900—1988）

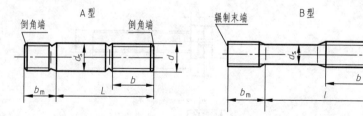

标记示例：

螺柱　GB/T 900　M10×50（两端均为粗牙普通螺纹，$d = 10mm$，$l = 50mm$，性能等级为 4.8 级，不经表面处理，B 型，$b_m = 2d$ 的双头螺柱）

螺柱　GB/T 900　AM10—10×1×50（旋入机体一端为粗牙普通螺纹，旋螺母端为螺距 $P = 1mm$ 的细牙普通螺纹，$d = 10mm$，$l = 50mm$，性能等级为 4.8 级，不经表面处理，A 型，$b_m = 2d$ 的双头螺柱）

螺纹规格 d	b_m（旋入机体端长度）				l（螺柱长度）　b（旋螺母端长度）				
	GB/T 897	GB/T 898	GB/T 899	GB/T 900					
M4	—	—	6	8	$\dfrac{16\sim22}{8}$	$\dfrac{25\sim40}{14}$			
M5	5	6	8	10	$\dfrac{16\sim22}{10}$	$\dfrac{25\sim50}{16}$			
M6	6	8	10	12	$\dfrac{20\sim22}{10}$	$\dfrac{25\sim30}{14}$	$\dfrac{32\sim75}{18}$		
8	8	10	12	16	$\dfrac{20\sim22}{12}$	$\dfrac{25\sim30}{16}$	$\dfrac{32\sim90}{22}$		
M10	10	12	15	20	$\dfrac{25\sim28}{14}$	$\dfrac{30\sim38}{16}$	$\dfrac{40\sim120}{26}$	$\dfrac{130}{32}$	
M12	12	15	18	24	$\dfrac{25\sim30}{14}$	$\dfrac{32\sim40}{16}$	$\dfrac{45\sim120}{26}$	$\dfrac{130\sim180}{32}$	
M16	16	20	24	32	$\dfrac{30\sim38}{16}$	$\dfrac{40\sim55}{20}$	$\dfrac{60\sim120}{30}$	$\dfrac{130\sim200}{36}$	
M20	20	25	30	40	$\dfrac{35\sim40}{20}$	$\dfrac{45\sim65}{30}$	$\dfrac{70\sim120}{38}$	$\dfrac{130\sim200}{44}$	
（M24）	24	30	36	48	$\dfrac{45\sim50}{25}$	$\dfrac{55\sim75}{35}$	$\dfrac{80\sim120}{46}$	$\dfrac{130\sim200}{52}$	
（M30）	30	38	45	60	$\dfrac{60\sim65}{40}$	$\dfrac{70\sim90}{50}$	$\dfrac{95\sim120}{6}$	$\dfrac{130\sim200}{72}$	$\dfrac{210\sim250}{85}$
M36	36	45	54	72	$\dfrac{65\sim75}{45}$	$\dfrac{80\sim110}{60}$	$\dfrac{120}{78}$	$\dfrac{130\sim200}{84}$	$\dfrac{210\sim300}{97}$
M42	42	52	63	84	$\dfrac{70\sim80}{50}$	$\dfrac{85\sim110}{70}$	$\dfrac{12}{90}$	$\dfrac{130\sim200}{96}$	$\dfrac{210\sim300}{109}$
M48	48	60	72	96	$\dfrac{80\sim90}{60}$	$\dfrac{95\sim110}{80}$	$\dfrac{120}{102}$	$\dfrac{130\sim200}{108}$	$\dfrac{210\sim300}{121}$
$l_{公称}$	12（14）、16、（18）、20、（22）、25、（28）、30、（32）、35、（38）、40、（45）、50、55、60、（65）、70、75、80、（85）、90、（95）、100~260（10 进位）、280、300								

注：1. 尽可能不采用括号内的规格。末端按 GB/T 2—2016 规定。

2. $b_m = d$，一般用于钢对钢；$b_m = (1.25\sim1.5)d$，一般用于钢对铸铁；$b_m = 2d$，一般用于钢对铝合金。

表 B-3　螺钉

（摘自 GB/T 65、67、68—2016）　　　　　　　　　（单位：mm）

开槽圆柱头螺钉（GB/T 65—2016）　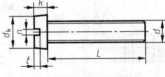

开槽盘头螺钉（GB/T 67—2016）　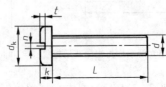

开槽沉头螺钉（GB/T 68—2016）　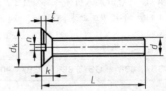

标记示例：

　　螺钉　GB/T 65　M5×20（螺纹规格 $d=5$mm，$l=50$mm，性能等级为 4.8 级，不经表面处理的开槽圆柱头螺钉）

螺纹规格 d		M1.6	M2	M2.5	M3	（M3.5）	M4	M5	M6	M8	M10
n公称		0.4	0.5	0.6	0.8	1.0	1.2	1.2	1.6	2.0	2.5
GB/T 65	d_{kmax}	3.0	3.8	4.5	5.5	6.0	7.0	8.5	10	13	16
	k_{max}	1.1	1.4	1.8	2.0	2.4	2.6	3.3	3.9	5.0	6.0
	t_{min}	0.45	0.6	0.7	0.85	1.0	1.1	1.3	1.6	2.0	2.4
	$l_{范围}$	2~16	3~20	3~25	4~30	5~35	5~40	6~50	8~60	10~80	12~80
GB/T 67	d_{kmax}	3.2	4.0	5.0	5.6	7.0	8.0	9.5	12	16	20
	k_{max}	1	1.3	1.5	2.1	2.4	3	3.6	4.8	6	
	t_{min}	0.35	0.5	0.6	0.7	0.8	1	1.2	1.4	1.9	2.4
	$l_{范围}$	2~16	2.5~20	3~25	4~30	5~35	5~40	6~50	8~60	10~80	12~80
GB/T 68	d_{kmax}	3.0	3.8	4.7	5.5	7.3	8.4	9.3	11.3	15.8	18.3
	k_{max}	1	1.2	1.5	1.65	2.35	2.7	2.7	3.3	4.65	5
	t_{min}	0.32	0.4	0.5	0.6	0.9	1.0	1.1	1.2	1.8	2.0
	$l_{范围}$	2.5~16	3~20	4~25	5~30	6~35	6~40	8~50	8~60	10~80	12~80
$l_{系列}$		2、2.5、3、4、5、6、8、10、12、（14）、16、20、25、30、35、40、45、50、（55）、60、（65）、70、（75）、80									

　　注：1. 尽可能不采用括号内的规格。

　　　　2. 商品规格为 M1.6~M10。

表 B-4　六角螺母 C 级

（摘自 GB/T 41—2016）　　　　　　　　　　　　　（单位：mm）

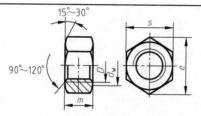

标记示例：
　　螺母　GB/T 41　M12（螺纹规格 D = 12mm，性能等级为 5 级，不经表面处理，产品等级为 C 级的六角螺母）

螺纹规格 D	M5	M6	M8	M10	M12	M16	M20	M24	M30	M36	M42	M48	M56
s_{max}	8	10	13	16	18	24	30	36	46	55	65	75	95
e_{min}	8.63	10.89	14.20	17.59	19.85	26.17	32.95	39.55	50.85	60.79	71.3	82.6	93.56
m_{max}	5.6	6.4	7.9	9.5	12.2	15.9	19.0	22.3	26.4	31.9	34.9	38.9	45.9
d_w	6.9	8.7	11.5	14.5	16.5	22.0	27.7	33.3	42.8	51.1	60.6	69.5	78.7

表 B-5　垫圈

（单位：mm）

平垫圈 A 级（摘自 GB/T 97.1—2002）　　　　　平垫圈 C 级（摘自 GB/T 95—2002）

平垫圈　倒角型　A 级（摘自 GB/T 97.2—2002）　　标准型弹簧垫圈（摘自 GB/T 93—1987）

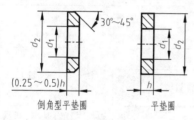

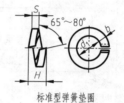

倒角型平垫圈　　　　　平垫圈　　　　　标准型弹簧垫圈　　弹簧垫圈开口画法

标记示例：
　垫圈　GB/T 95　8（标准系列，规格 8mm，性能等级为 100HV 级，不经表面处理，产品等级为 C 级的平垫圈）
　垫圈　GB/T 93　10（规格 10mm，材料为 65Mn，表面氧化的标准型弹簧垫圈）

公称尺寸 d（螺纹规格）		4	5	6	8	10	12	14	16	20	24	30	36	42	48
GB/T 97.1 （A 级）	d_1	4.3	5.3	6.4	8.4	10.5	13.0	15	17	21	25	31	37	—	—
	d_2	9	10	12	16	20	24	28	30	37	44	56	66	—	—
	h	0.8	1	1.6	1.6	2	2.5	2.5	3	3	4	4	5	—	—
GB/T 97.2 （A 级）	d_1	—	5.3	6.4	8.4	10.5	13	15	17	21	25	31	37	—	—
	d_2	—	10	12	16	20	24	28	30	37	44	56	66	—	—
	h	—	1	1.6	1.6	2	2.5	2.5	3	3	4	4	5	—	—
GB/T 95 （C 级）	d_1	—	5.5	6.6	9	11	13.5	15.5	17.5	22	26	33	39	45	52
	d_2	—	10	12	16	20	24	28	30	37	44	56	66	78	92
	h	—	1	1.6	1.6	2	2.5	2.5	3	3	4	4	5	8	8
GB/T 93	d_1	4.1	5.1	6.1	8.1	10.2	12.2	—	16.2	20.2	24.5	30.5	36.5	42.5	48.5
	$S=b$	1.1	1.3	1.6	2.1	2.6	3.1	—	4.1	5	6	7.5	9	10.5	12
	H	2.8	3.3	4	5.3	6.5	7.8	—	10.3	12.5	15	18.6	22.5	26.3	30

注：1. A 级适用于精装配系列，C 级适用于中等装配系列。
　　2. C 级垫圈没有 $Ra3.2$ 和去毛刺的要求。

表 B-6 平键及键槽各部尺寸

（摘自 GB/T 1095—2003、GB/T 1096—2003）　　　（单位：mm）

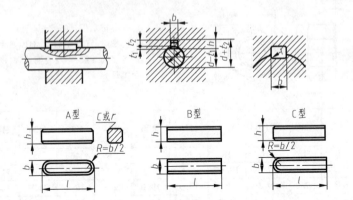

标记示例：

GB/T 1096　键　16×10×100（普通 A 型平键，$b=16mm$，$h=10mm$，$l=100mm$）

GB/T 1096　键　B16×10×100（普通 B 型平键，$b=16mm$，$h=10mm$，$l=100mm$）

GB/T 1096　键　C16×10×100（普通 C 型平键，$b=16mm$，$h=10mm$，$l=10mm$）

轴	键		键　槽										
			宽度 b						深　度				半径 r
公称直径 d	尺寸 $b×h$	长度 l	基本尺寸 b	极限偏差					轴 t_1		毂 t_2		
				松联结		正常联结		紧密键联结					
				轴 H9	毂 D10	轴 N9	毂 JS9	轴和毂 P9	基本尺寸	极限偏差	基本尺寸	极限偏差	最大	最小
>10~12	4×4	8~45	4	+0.030 0	+0.078 +0.030	0 -0.030	±0.015	-0.012 -0.042	2.5	+0.1 0	1.8	+0.1 0	0.08	0.16
>12~17	5×5	10~56	5						3.0		2.3			
>17~22	6×6	14~70	6						3.5		2.8		0.16	0.25
>22~30	8×7	18~90	8	+0.036 0	+0.098 +0.040	0 -0.036	±0.018	-0.015 -0.051	4.0		3.3			
>30~38	10×8	22~110	10						5.0		3.3			
>38~44	12×8	28~140	12	+0.043 0	+0.120 +0.050	0 -0.043	±0.022	-0.018 -0.061	5.0		3.3			
>44~50	14×9	36~160	14						5.5		3.8		0.25	0.40
>50~58	16×10	45~180	16						6.0	+0.2 0	4.3	+0.2 0		
>58~65	18×11	50~200	18						7.0		4.4			
>65~75	20×12	56~220	20	+0.052 0	+0.149 +0.065	0 -0.052	±0.026	-0.022 -0.074	7.5		4.9			
>75~85	22×14	63~250	22						9.0		5.4		0.40	0.60
>85~95	25×14	70~280	25						9.0		5.4			
>95~110	28×16	80~320	28						10.0		6.4			
l系列	6~22（2进位）、25、28、32、36、40、45、50、56、63、70、80、90、100、110、125、140、160、180、200、220、250、280、320、360、400、450、500												

表 B-7　圆柱销　不淬硬钢和奥氏体不锈钢

（摘自 GB/T 119.1—2000）　　　　　　　　　　（单位：mm）

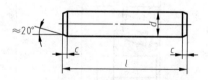

标记示例：

销　GB/T 119.1　10 m6×90（公称直径 d = 10mm，公差为 m6，公称长度 l = 90mm，材料为钢、不经表面处理的圆柱销）

销　GB/T 119.1　10 m6×90-A1（公称直径 d = 10mm，公差为 m6，公称长度 l = 90mm，材料为 A1 组奥式体不锈钢、表面简单处理的圆柱销）

$d_{公称}$	2	2.5	3	4	5	6	8	10	12	16	20	25
$c\approx$	0.35	0.4	0.5	0.63	0.8	1.2	1.6	2.0	2.5	3.0	3.5	4.0
$l_{范围}$	6~20	6~24	8~30	8~40	10~50	12~60	14~80	18~95	22~140	26~180	35~200	50~200
$l_{公称}$	2、3、4、5、6~32（2 进位）、35~100（5 进位）、120~200（20 进位）（公称长度大于 200，按 20 递增）											

表 B-8　圆锥销

（摘自 GB/T 117—2000）　　　　　　　　　　（单位：mm）

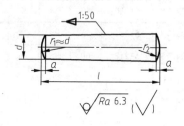

A 型（磨削）：锥面表面粗糙度值为 Ra 0.8μm

B 型（切削或冷镦）：锥面表面粗糙度值为 Ra 3.2μm

$$r_1 \approx d$$

$$r_2 \approx \frac{a}{2} + d + \frac{(0.02l)^2}{8a}$$

标记示例：

销　GB/T 117　6×30（公称直径 d = 6mm，公称长度 l = 30mm，材料为 35 钢，热处理硬度为 28~38HRC、表面氧化处理的 A 型圆锥销）

$d_{公称}$	2	2.5	3	4	5	6	8	10	12	16	20	25
$a\approx$	0.25	0.3	0.4	0.5	0.63	0.8	1.0	1.2	1.6	2.0	2.5	3.0
$l_{范围}$	10~35	10~35	12~45	14~55	18~60	22~90	22~120	26~160	32~180	40~200	45~200	50~200
$l_{公称}$	2、3、4、5、6~32（2 进位）、35~100（5 进位）、120~200（20 进位）（公称长度大于 200，按 20 递增）											

表 B-9 滚动轴承 （单位：mm）

深沟球轴承 （摘自 GB/T 276—2013）	圆锥滚子轴承 （摘自 GB/T 297—2015）	单向推力球轴承 （摘自 GB/T 301—2015）
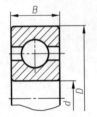	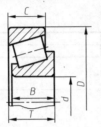	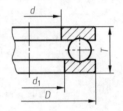
标记示例： 滚动轴承 6310 GB/T 276	标记示例： 滚动轴承 30310 GB/T 297	标记示例： 滚动轴承 51305 GB/T 301

轴承型号	尺 寸			轴承型号	尺 寸					轴承型号	尺 寸			
	d	D	B		d	D	B	C	T		d	D	T	$D_{1\,smin}$
尺寸系列[02]				尺寸系列[02]						尺寸系列[12]				
6202	15	35	11	30203	17	40	12	11	13.25	51202	15	32	12	17
6203	17	40	12	30204	20	47	14	12	15.25	51203	17	35	12	19
6204	20	47	14	30205	25	52	15	13	16.25	51204	20	40	14	22
6205	25	52	15	30206	30	62	16	14	17.25	51205	25	47	15	27
6206	30	62	16	30207	35	72	17	15	18.25	51206	30	52	16	32
6207	35	72	17	30208	40	80	18	16	19.75	51207	35	62	18	37
6208	40	80	18	30209	45	85	19	16	20.75	51208	40	68	19	42
6209	45	85	19	30210	50	90	20	17	21.75	51209	45	73	20	47
6210	50	90	20	30211	55	100	21	18	22.75	51210	50	78	22	52
6211	55	100	21	30212	60	110	22	19	23.75	51211	55	90	25	57
6212	60	110	22	30213	65	120	23	20	24.75	51212	60	95	26	62
尺寸系列[03]				尺寸系列[03]						尺寸系列[13]				
6302	15	42	13	30302	15	42	13	11	14.25	51304	20	47	18	22
6303	17	47	14	30303	17	47	14	12	15.25	51305	25	52	18	27
6304	20	52	15	30304	20	52	15	13	16.25	51306	30	60	21	32
6305	25	62	17	30305	25	62	17	15	18.25	51307	35	68	24	37
6306	30	72	19	30306	30	72	19	16	20.75	51308	40	78	26	42
6307	35	80	21	30307	35	80	21	18	22.75	51309	45	85	28	47
6308	40	90	23	30308	40	90	23	20	25.25	51310	50	95	31	52
6309	45	100	25	30309	45	100	25	22	27.25	51311	55	105	35	57
6310	50	110	27	30310	50	110	27	23	29.25	51312	60	110	35	62
6311	55	120	29	30311	55	120	29	25	31.50	51313	65	115	36	67
6312	60	130	31	30312	60	130	31	26	33.50	51314	70	125	40	72

（续）

轴承型号	尺 寸			轴承型号	尺 寸					轴承型号	尺 寸			
	d	D	B		d	D	B	C	T		d	D	T	$D_{1\,smin}$
尺寸系列[04]				尺寸系列[13]						尺寸系列[14]				
6403	17	62	17	31305	25	62	17	13	18.25	51405	25	60	24	27
6404	20	72	19	31306	30	72	19	14	20.75	51406	30	70	28	32
6405	25	80	21	31307	35	80	21	15	22.75	51407	35	80	32	37
6406	30	90	23	31308	40	90	23	17	25.25	51408	40	90	36	42
6407	35	100	25	31309	45	100	25	18	27.25	51409	45	100	39	47
6408	40	110	27	31310	50	110	27	19	29.25	51410	50	110	43	52
6409	45	120	29	31311	55	120	29	21	31.50	51411	55	120	48	57
6410	50	130	31	31312	60	130	31	22	33.50	51412	60	130	51	62
6411	55	140	33	31313	65	140	33	23	36.00	51413	65	140	56	68
6412	60	150	35	31314	70	150	35	25	38.00	51414	70	150	60	73
6413	65	160	37	31315	75	160	37	26	40.00	51415	75	160	65	78

注：圆括号中的尺寸系列代号在轴承型号中省略。

附录 C 极限与配合

表 C-1 标准公差数值

（摘自 GB/T 1800.1—2009）

公称尺寸 /mm		标准公差等级																	
		IT1	IT2	IT3	IT4	IT5	IT6	IT7	IT8	IT9	IT10	IT11	IT12	IT13	IT14	IT15	IT16	IT17	IT18
大于	至	μm											mm						
—	3	0.8	1.2	2	3	4	6	10	14	25	40	60	0.10	0.14	0.25	0.40	0.60	1.0	1.4
3	6	1	1.5	2.5	4	5	8	12	18	30	48	75	0.12	0.18	0.30	0.45	0.75	1.2	1.8
6	10	1	1.5	2.5	4	6	9	15	22	36	58	90	0.15	0.22	0.36	0.58	0.90	1.5	2.2
10	18	1.2	2	3	5	8	11	18	27	43	70	110	0.18	0.27	0.43	0.70	1.10	1.8	2.7
18	30	1.5	2.5	4	6	9	13	21	33	52	84	130	0.21	0.33	0.52	0.84	1.30	2.1	3.3
30	50	1.5	2.5	4	7	11	16	25	39	62	100	160	0.25	0.39	0.62	1.00	1.60	2.5	3.9
50	80	2	3	5	8	13	19	30	46	74	120	190	0.30	0.46	0.74	1.20	1.90	3.0	4.6
80	120	2.5	4	6	10	15	22	35	54	87	140	220	0.35	0.54	0.87	1.40	2.20	3.5	5.4
120	180	3.5	5	8	12	18	25	40	63	100	160	250	0.40	0.63	1.00	1.60	2.50	4.0	6.3
180	250	4.5	7	10	14	20	29	46	72	115	185	290	0.46	0.72	1.15	1.85	2.60	4.6	7.2
250	315	6	8	12	16	23	32	52	81	130	210	320	0.52	0.81	1.30	2.10	3.20	5.2	8.1
315	400	7	9	13	18	25	36	57	89	140	230	360	0.57	0.89	1.40	2.30	3.60	5.7	8.9
400	500	8	10	15	20	27	40	63	97	155	250	400	0.63	0.97	1.55	2.50	4.00	6.3	9.7
500	630	9	11	16	22	32	44	70	110	175	280	440	0.70	1.10	1.75	2.80	4.40	7.0	11.0
630	800	10	13	18	25	36	50	80	125	200	320	500	0.80	1.25	2.00	3.20	5.00	8.0	12.5
800	1000	11	15	21	28	40	56	90	140	230	360	560	0.90	1.40	2.30	3.60	5.60	9.0	14.0
1000	1250	13	18	24	33	47	66	105	165	260	420	660	1.05	1.65	2.60	4.20	6.60	10.5	16.5
1250	1600	15	21	29	39	55	78	125	195	310	500	780	1.25	1.95	3.10	5.00	7.80	12.5	19.5
1600	2000	18	25	35	46	65	92	150	230	370	600	920	1.50	2.30	3.70	6.00	9.20	15.0	23.0
2000	2500	22	30	41	55	78	110	175	280	440	700	1100	1.75	2.80	4.40	7.00	11.00	17.5	28.0
2500	3150	26	36	50	68	96	135	210	330	540	860	1350	2.10	3.30	5.40	8.60	13.50	21.0	33.0

注：1. 公称尺寸大于 500mm 的 IT1~IT5 级的标准公差数值为试行的。

　　2. 公称尺寸小于或等于 1mm 时，无 IT14~IT18。

表 C-2　轴的基本偏差数值

（摘自 GB/T 1800. 1—2009）

（单位：μm）

公称尺寸/mm 大于	至	基本偏差数值 上极限偏差 es（所有标准公差等级） a	b	c	cd	d	e	ef	f	fg	g	h	js	j IT5和IT6	j IT7	j IT8	k IT4~IT7	k ≤IT3、>IT7	下极限偏差 ei（所有标准公差等级） m	n	p	r	s	t	u	v	x	y	z	za	zb	zc
—	3	-270	-140	-60	-34	-20	-14	-10	-6	-4	-2	0	±ITn/2	-2	-4	-6	0	0	+2	+4	+6	+10	+14	—	+18	—	+20	—	+26	+32	+40	+60
3	6	-270	-140	-70	-46	-30	-20	-14	-10	-6	-4	0	±ITn/2	-2	-4	—	+1	0	+4	+8	+12	+15	+19	—	+23	—	+28	—	+35	+42	+50	+80
6	10	-280	-150	-80	-56	-40	-25	-18	-13	-8	-5	0	±ITn/2	-2	-5	—	+1	0	+6	+10	+15	+19	+23	—	+28	—	+34	—	+42	+52	+67	+97
10	14	-290	-150	-95	—	-50	-32	—	-16	—	-6	0	±ITn/2	-3	-6	—	+1	0	+7	+12	+18	+23	+28	—	+33	—	+40	—	+50	+64	+90	+130
14	18	-290	-150	-95	—	-50	-32	—	-16	—	-6	0	±ITn/2	-3	-6	—	+1	0	+7	+12	+18	+23	+28	—	+33	+39	+45	—	+60	+77	+108	+150
18	24	-300	-160	-110	—	-65	-40	—	-20	—	-7	0	±ITn/2	-4	-8	—	+2	0	+8	+15	+22	+28	+35	—	+41	+47	+54	+63	+73	+98	+136	+188
24	30	-300	-160	-110	—	-65	-40	—	-20	—	-7	0	±ITn/2	-4	-8	—	+2	0	+8	+15	+22	+28	+35	+41	+48	+55	+64	+75	+88	+118	+160	+218
30	40	-310	-170	-120	—	-80	-50	—	-25	—	-9	0	±ITn/2	-5	-10	—	+2	0	+9	+17	+26	+34	+43	+48	+60	+68	+80	+94	+112	+148	+200	+274
40	50	-320	-180	-130	—	-80	-50	—	-25	—	-9	0	±ITn/2	-5	-10	—	+2	0	+9	+17	+26	+34	+43	+54	+70	+81	+97	+114	+136	+180	+242	+325
50	65	-340	-190	-140	—	-100	-60	—	-30	—	-10	0	±ITn/2	-7	-12	—	+2	0	+11	+20	+32	+41	+53	+66	+87	+102	+122	+144	+172	+226	+300	+405
65	80	-360	-200	-150	—	-100	-60	—	-30	—	-10	0	±ITn/2	-7	-12	—	+2	0	+11	+20	+32	+43	+59	+75	+102	+120	+146	+174	+210	+274	+360	+480
80	100	-380	-220	-170	—	-120	-72	—	-36	—	-12	0	±ITn/2	-9	-15	—	+3	0	+13	+23	+37	+51	+71	+91	+124	+146	+178	+214	+258	+335	+445	+585
100	120	-410	-240	-180	—	-120	-72	—	-36	—	-12	0	±ITn/2	-9	-15	—	+3	0	+13	+23	+37	+54	+79	+104	+144	+172	+210	+254	+310	+400	+525	+690
120	140	-460	-260	-200	—	-145	-85	—	-43	—	-14	0	±ITn/2	-11	-18	—	+3	0	+15	+27	+43	+63	+92	+122	+170	+202	+248	+300	+365	+470	+620	+800
140	160	-520	-280	-210	—	-145	-85	—	-43	—	-14	0	±ITn/2	-11	-18	—	+3	0	+15	+27	+43	+65	+100	+134	+190	+228	+280	+340	+415	+535	+700	+900
160	180	-580	-310	-230	—	-145	-85	—	-43	—	-14	0	±ITn/2	-11	-18	—	+3	0	+15	+27	+43	+68	+108	+146	+210	+252	+310	+380	+465	+600	+780	+1000
180	200	-660	-340	-240	—	-170	-100	—	-50	—	-15	0	±ITn/2	-13	-21	—	+4	0	+17	+31	+50	+77	+122	+166	+236	+284	+350	+425	+520	+670	+880	+1150
200	225	-740	-380	-260	—	-170	-100	—	-50	—	-15	0	±ITn/2	-13	-21	—	+4	0	+17	+31	+50	+80	+130	+180	+258	+310	+385	+470	+575	+740	+960	+1250
225	250	-820	-420	-280	—	-170	-100	—	-50	—	-15	0	±ITn/2	-13	-21	—	+4	0	+17	+31	+50	+84	+140	+196	+284	+340	+425	+520	+640	+820	+1050	+1350
250	280	-920	-480	-300	—	-190	-110	—	-56	—	-17	0	±ITn/2	-16	-26	—	+4	0	+20	+34	+56	+94	+158	+218	+315	+385	+475	+580	+710	+920	+1200	+1550
280	315	-1050	-540	-330	—	-190	-110	—	-56	—	-17	0	±ITn/2	-16	-26	—	+4	0	+20	+34	+56	+98	+170	+240	+350	+425	+525	+650	+790	+1000	+1300	+1700
315	355	-1200	-600	-360	—	-210	-125	—	-62	—	-18	0	±ITn/2	-18	-28	—	+4	0	+21	+37	+62	+108	+190	+268	+390	+475	+590	+730	+900	+1150	+1500	+1900
355	400	-1350	-680	-400	—	-210	-125	—	-62	—	-18	0	±ITn/2	-18	-28	—	+4	0	+21	+37	+62	+114	+208	+294	+435	+532	+660	+820	+1000	+1300	+1650	+2100
400	450	-1500	-760	-440	—	-230	-135	—	-68	—	-20	0	±ITn/2	-20	-32	—	+5	0	+23	+40	+68	+126	+232	+330	+490	+595	+740	+920	+1100	+1450	+1850	+2400
450	500	-1650	-840	-480	—	-230	-135	—	-68	—	-20	0	±ITn/2	-20	-32	—	+5	0	+23	+40	+68	+132	+252	+360	+540	+660	+820	+1000	+1250	+1600	+2100	+2600

js 栏：偏差 =±ITn/2，式中 ITn 是 IT 值数。

注：1. 公称尺寸小于或等于 1mm 时，基本偏差 a 和 b 均不采用。
2. 公差带 js7~js11，若 ITn 值是奇数，则取偏差 =±(ITn-1)/2。

表 C-3 孔的基本偏差数值
（摘自 GB/T 1800.1—2009）

（单位：μm）

基本偏差数值——下极限偏差 EI（所有标准公差等级）/ JS / 上极限偏差 ES

注：JS 列偏差 = ±ITn/2，式中 ITn 是 IT 值数。K、M、N 列分别列出「≤IT8」与「>IT8」；P~ZC 中「≤IT7」列取「在大于 IT7 的相应数值上增加一个 Δ 值」。

公称尺寸/mm 大于	至	A	B	C	CD	D	E	EF	F	FG	G	H	J IT6	J IT7	J IT8	K ≤IT8	K >IT8	M ≤IT8	M >IT8	N ≤IT8	N >IT8	P	R	S	T	U	V	X	Y	Z	ZA	ZB	ZC	Δ IT3	Δ IT4	Δ IT5	Δ IT6	Δ IT7	Δ IT8
—	3	+270	+140	+60	+34	+20	+14	+10	+6	+4	+2	0	+2	+4	+6	0	0	−2	−2	−4	−4	−6	−10	−14	—	−18	—	−20	—	−26	−32	−40	−60	0	0	0	0	0	0
3	6	+270	+140	+70	+46	+30	+20	+14	+10	+6	+4	0	+5	+6	+10	−1+Δ	0	−4+Δ	−4	−8+Δ	0	−12	−15	−19	—	−23	—	−28	—	−35	−42	−50	−80	1	1.5	1	3	4	6
6	10	+280	+150	+80	+56	+40	+25	+18	+13	+8	+5	0	+5	+8	+12	−1+Δ	0	−6+Δ	−6	−10+Δ	0	−15	−19	−23	—	−28	—	−34	—	−42	−52	−67	−97	1	1.5	2	3	6	7
10	14	+290	+150	+95	—	+50	+32	—	+16	—	+6	0	+6	+10	+15	−1+Δ	0	−7+Δ	−7	−12+Δ	0	−18	−23	−28	—	−33	—	−40	—	−50	−64	−90	−130	1	2	3	3	7	9
14	18	+290	+150	+95	—	+50	+32	—	+16	—	+6	0	+6	+10	+15	−1+Δ	0	−7+Δ	−7	−12+Δ	0	−18	−23	−28	—	−33	—	−45	—	−60	−77	−108	−150	1	2	3	3	7	9
18	24	+300	+160	+110	—	+65	+40	—	+20	—	+7	0	+8	+12	+20	−2+Δ	0	−8+Δ	−8	−15+Δ	0	−22	−28	−35	—	−41	—	−54	—	−73	−98	−136	−188	1.5	2	3	4	8	12
24	30	+300	+160	+110	—	+65	+40	—	+20	—	+7	0	+8	+12	+20	−2+Δ	0	−8+Δ	−8	−15+Δ	0	−22	−28	−35	−41	−48	−55	−64	−75	−88	−118	−160	−218	1.5	2	3	4	8	12
30	40	+310	+170	+120	—	+80	+50	—	+25	—	+9	0	+10	+14	+24	−2+Δ	0	−9+Δ	−9	−17+Δ	0	−26	−34	−43	−48	−60	−68	−80	−94	−112	−148	−200	−247	1.5	3	4	5	9	14
40	50	+320	+180	+130	—	+80	+50	—	+25	—	+9	0	+10	+14	+24	−2+Δ	0	−9+Δ	−9	−17+Δ	0	−26	−34	−43	−54	−70	−81	−97	−114	−136	−180	−242	−325	1.5	3	4	5	9	14
50	65	+340	+190	+140	—	+100	+60	—	+30	—	+10	0	+13	+18	+28	−2+Δ	0	−11+Δ	−11	−20+Δ	0	−32	−41	−53	−66	−87	−102	−122	−144	−172	−226	−300	−405	2	3	5	6	11	16
65	80	+360	+200	+150	—	+100	+60	—	+30	—	+10	0	+13	+18	+28	−2+Δ	0	−11+Δ	−11	−20+Δ	0	−32	−43	−59	−75	−102	−120	−146	−174	−210	−274	−360	−480	2	3	5	6	11	16
80	100	+380	+220	+170	—	+120	+72	—	+36	—	+12	0	+16	+22	+34	−3+Δ	0	−13+Δ	−13	−23+Δ	0	−37	−51	−71	−91	−124	−146	−178	−214	−258	−335	−445	−585	2	4	5	7	13	19
100	120	+410	+240	+180	—	+120	+72	—	+36	—	+12	0	+16	+22	+34	−3+Δ	0	−13+Δ	−13	−23+Δ	0	−37	−54	−79	−104	−144	−172	−210	−254	−310	−400	−525	−690	2	4	5	7	13	19
120	140	+460	+260	+200	—	+145	+85	—	+43	—	+14	0	+18	+26	+41	−3+Δ	0	−15+Δ	−15	−27+Δ	0	−43	−63	−92	−122	−170	−202	−248	−300	−365	−470	−620	−800	3	4	6	7	15	23
140	160	+520	+280	+210	—	+145	+85	—	+43	—	+14	0	+18	+26	+41	−3+Δ	0	−15+Δ	−15	−27+Δ	0	−43	−65	−100	−134	−190	−228	−280	−340	−415	−535	−700	−900	3	4	6	7	15	23
160	180	+580	+310	+230	—	+145	+85	—	+43	—	+14	0	+18	+26	+41	−3+Δ	0	−15+Δ	−15	−27+Δ	0	−43	−68	−108	−146	−210	−252	−310	−380	−465	−600	−780	−1000	3	4	6	7	15	23
180	200	+660	+340	+240	—	+170	+100	—	+50	—	+15	0	+22	+30	+47	−4+Δ	0	−17+Δ	−17	−31+Δ	0	−50	−77	−122	−166	−236	−284	−350	−425	−520	−670	−880	−1150	3	4	6	9	17	26
200	225	+740	+380	+260	—	+170	+100	—	+50	—	+15	0	+22	+30	+47	−4+Δ	0	−17+Δ	−17	−31+Δ	0	−50	−80	−130	−180	−258	−310	−385	−470	−575	−740	−960	−1250	3	4	6	9	17	26
225	250	+820	+420	+280	—	+170	+100	—	+50	—	+15	0	+22	+30	+47	−4+Δ	0	−17+Δ	−17	−31+Δ	0	−50	−84	−140	−196	−284	−340	−425	−520	−640	−820	−1050	−1350	3	4	6	9	17	26
250	280	+920	+480	+300	—	+190	+110	—	+56	—	+17	0	+25	+36	+55	−4+Δ	0	−20+Δ	−20	−34+Δ	0	−56	−94	−158	−218	−315	−385	−475	−580	−710	−920	−1200	−1550	4	4	7	9	20	29
280	315	+1050	+540	+330	—	+190	+110	—	+56	—	+17	0	+25	+36	+55	−4+Δ	0	−20+Δ	−20	−34+Δ	0	−56	−98	−170	−240	−350	−425	−525	−650	−790	−1000	−1300	−1700	4	4	7	9	20	29
315	355	+1200	+600	+360	—	+210	+125	—	+62	—	+18	0	+29	+39	+60	−4+Δ	0	−21+Δ	−21	−37+Δ	0	−62	−108	−190	−268	−390	−475	−590	−730	−900	−1150	−1500	−1900	4	5	7	11	21	32
355	400	+1350	+680	+400	—	+210	+125	—	+62	—	+18	0	+29	+39	+60	−4+Δ	0	−21+Δ	−21	−37+Δ	0	−62	−114	−208	−294	−435	−530	−660	−820	−1000	−1300	−1650	−2100	4	5	7	11	21	32
400	450	+1500	+760	+440	—	+230	+135	—	+68	—	+20	0	+33	+43	+66	−5+Δ	0	−23+Δ	−23	−40+Δ	0	−68	−126	−232	−330	−490	−590	−740	−920	−1100	−1450	−1850	−2400	5	5	7	13	23	34
450	500	+1650	+840	+480	—	+230	+135	—	+68	—	+20	0	+33	+43	+66	−5+Δ	0	−23+Δ	−23	−40+Δ	0	−68	−132	−252	−360	−540	−660	−820	−1000	−1250	−1600	−2100	−2600	5	5	7	13	23	34

注：
1. 公称尺寸小于或等于 1mm 时，基本偏差 A 和 B 及大于 IT8 的 N 均不采用。
2. 公差带 JS11，若 ITn 值是奇数，则取偏差 = ±(ITn−1)/2。
3. 对小于或等于 IT8 的 K、M、N 和小于或等于 IT7 的 P~ZC，所需 Δ 值从表内右侧选取。例如：18~30mm 段的 K7，Δ = 8μm，所以 ES = −2μm+8μm，Δ = +6μm；至 30mm 段的 S6，Δ = 4μm，所以 ES = −35μm+4μm，Δ = −31μm。
4. 特殊情况：250mm~315mm 段的 M6，ES = −9μm（代替 −11μm）。

表 C-4　轴的极限偏差表

（摘自 GB/T 1800.1—2009，GB/T 1801—2009）

（单位：μm）

公称尺寸/mm		公差等级																											
大于	至	a 11	b 11	c *11	d *9	e 8	f *7	g *6	h 5	h *6	h *7	h 8	h *9	h 10	h *11	h 12	js 6	k *6	m 6	n *6	p *6	r 6	s *6	t 6	u *6	v 6	x 6	y 6	z 6
—	3	-270/-330	-140/-200	-60/-120	-20/-45	-14/-28	-6/-16	-2/-8	0/-4	0/-6	0/-10	0/-14	0/-25	0/-40	0/-60	0/-100	±3	+6/0	+8/+2	+10/+4	+12/+6	+16/+10	+20/+14	—	+24/+18	—	+26/+20	—	+32/+26
3	6	-270/-345	-140/-215	-70/-145	-30/-60	-20/-38	-10/-22	-4/-12	0/-5	0/-8	0/-12	0/-18	0/-30	0/-48	0/-75	0/-120	±4	+9/+1	+12/+4	+16/+8	+20/+12	+23/+15	+27/+19	—	+31/+23	—	+36/+28	—	+43/+35
6	10	-280/-338	-150/-240	-80/-170	-40/-76	-25/-47	-13/-28	-5/-14	0/-6	0/-9	0/-15	0/-22	0/-36	0/-58	0/-90	0/-150	±4.5	+10/+1	+15/+6	+19/+10	+24/+15	+28/+19	+32/+23	—	+37/+28	—	+43/+34	—	+51/+42
10	14	-290/-400	-150/-260	-95/-205	-50/-93	-32/-59	-16/-34	-6/-17	0/-8	0/-11	0/-18	0/-27	0/-43	0/-70	0/-110	0/-180	±5.5	+12/+1	+18/+7	+23/+12	+29/+18	+34/+23	+39/+28	—	+44/+33	—	+51/+40	—	+61/+50
14	18	-290/-400	-150/-260	-95/-205	-50/-93	-32/-59	-16/-34	-6/-17	0/-8	0/-11	0/-18	0/-27	0/-43	0/-70	0/-110	0/-180	±5.5	+12/+1	+18/+7	+23/+12	+29/+18	+34/+23	+39/+28	—	+44/+33	+50/+39	+56/+45	—	+71/+60
18	24	-300/-430	-160/-290	-110/-240	-65/-117	-40/-73	-20/-41	-7/-20	0/-9	0/-13	0/-21	0/-33	0/-52	0/-84	0/-130	0/-210	±6.5	+15/+2	+21/+8	+28/+15	+35/+22	+41/+28	+48/+35	—	+54/+41	+60/+47	+67/+54	+76/+63	+86/+73
24	30	-300/-430	-160/-290	-110/-240	-65/-117	-40/-73	-20/-41	-7/-20	0/-9	0/-13	0/-21	0/-33	0/-52	0/-84	0/-130	0/-210	±6.5	+15/+2	+21/+8	+28/+15	+35/+22	+41/+28	+48/+35	+54/+41	+61/+48	+68/+55	+77/+64	+88/+75	+101/+88
30	40	-310/-470	-170/-330	-120/-280	-80/-142	-50/-89	-25/-50	-9/-25	0/-11	0/-16	0/-25	0/-39	0/-62	0/-100	0/-160	0/-250	±8	+18/+2	+25/+9	+33/+17	+42/+26	+50/+34	+59/+43	+64/+48	+76/+60	+84/+68	+96/+80	+110/+94	+128/+112
40	50	-320/-480	-180/-340	-130/-290	-80/-142	-50/-89	-25/-50	-9/-25	0/-11	0/-16	0/-25	0/-39	0/-62	0/-100	0/-160	0/-250	±8	+18/+2	+25/+9	+33/+17	+42/+26	+50/+34	+59/+43	+70/+54	+86/+70	+97/+81	+113/+97	+130/+114	+152/+136
50	65	-340/-530	-190/-380	-140/-330	-100/-174	-60/-106	-30/-60	-10/-29	0/-13	0/-19	0/-30	0/-46	0/-74	0/-120	0/-190	0/-300	±9.5	+21/+2	+30/+11	+39/+20	+51/+32	+60/+41	+72/+53	+85/+66	+106/+87	+121/+102	+141/+122	+163/+144	+191/+172
65	80	-360/-550	-200/-390	-150/-340	-100/-174	-60/-106	-30/-60	-10/-29	0/-13	0/-19	0/-30	0/-46	0/-74	0/-120	0/-190	0/-300	±9.5	+21/+2	+30/+11	+39/+20	+51/+32	+62/+43	+78/+59	+94/+75	+121/+102	+139/+120	+165/+146	+193/+174	+229/+210
80	100	-380/-600	-220/-440	-170/-390	-120/-207	-72/-126	-36/-71	-12/-34	0/-15	0/-22	0/-35	0/-54	0/-87	0/-140	0/-220	0/-350	±11	+25/+3	+35/+13	+45/+23	+59/+37	+73/+51	+93/+71	+113/+92	+146/+124	+168/+146	+200/+178	+236/+214	+280/+258
100	120	-410/-630	-240/-460	-180/-400	-120/-207	-72/-126	-36/-71	-12/-34	0/-15	0/-22	0/-35	0/-54	0/-87	0/-140	0/-220	0/-350	±11	+25/+3	+35/+13	+45/+23	+59/+37	+76/+54	+101/+79	+126/+104	+166/+144	+194/+172	+232/+210	+276/+254	+332/+310

基本尺寸	a	b	c	d	e	f	g	(0)	(0)	(0)	(0)	(0)	(0)	(0)	(0)	±	js	js	js	js								
120–140	−460/−710	−260/−510	−200/−450																		+88/+63	+117/+92	+147/+122	+195/+170	+227/+202	+273/+248	+325/+300	+390/+365
140–160	−520/−770	−280/−530	−210/−460	−145/−245	−85/−148	−43/−83	−14/−39	0/−18	0/−25	0/−40	0/−63	0/−100	0/−160	0/−250	0/−400	±12.5	+28/+3	+40/+15	+52/+27	+68/+43	+90/+65	+125/+100	+159/+134	+215/+190	+253/+228	+305/+280	+365/+340	+440/+415
160–180	−580/−830	−310/−560	−230/−480																		+93/+68	+133/+108	+171/+146	+235/+210	+277/+252	+335/+310	+405/+380	+490/+465
180–200	−660/−950	−340/−630	−240/−530																		+106/+77	+151/+122	+195/+166	+265/+236	+313/+284	+379/+350	+454/+425	+549/+520
200–225	−740/−1030	−380/−670	−260/−550	−170/−285	−100/−172	−50/−96	−15/−44	0/−20	0/−29	0/−46	0/−72	0/−115	0/−185	0/−290	0/−460	±14.5	+33/+4	+46/+17	+60/+31	+79/+50	+109/+80	+159/+130	+209/+180	+287/+258	+339/+310	+414/+385	+499/+470	+604/+575
225–250	−820/−1110	−420/−710	−280/−570																		+113/+84	+169/+140	+225/+196	+313/+284	+369/+340	+454/+425	+549/+520	+669/+640
250–280	−920/−1240	−480/−800	−300/−620	−190/−320	−110/−191	−56/−108	−17/−49	0/−23	0/−32	0/−52	0/−81	0/−130	0/−210	0/−320	0/−520	±16	+36/+4	+52/+20	+66/+34	+88/+56	+126/+94	+190/+158	+250/+218	+347/+315	+417/+385	+507/+475	+612/+580	+742/+710
280–315	−1050/−1370	−540/−860	−330/−650																		+130/+98	+202/+170	+272/+240	+382/+350	+457/+425	+557/+525	+682/+650	+822/+790
315–355	−1200/−1560	−600/−960	−360/−720	−210/−350	−125/−214	−62/−119	−18/−54	0/−25	0/−36	0/−57	0/−89	0/−140	0/−230	0/−360	0/−570	±18	+40/+4	+57/+21	+73/+37	+98/+62	+144/+108	+226/+190	+304/+268	+426/+390	+511/+475	+626/+590	+766/+730	+936/+900
355–400	−1350/−1710	−680/−1040	−400/−760																		+150/+114	+244/+208	+330/+294	+471/+435	+566/+530	+696/+660	+856/+820	+1036/+1000
400–450	−1500/−1900	−760/−1160	−440/−840	−230/−385	−135/−232	−68/−131	−20/−60	0/−27	0/−40	0/−63	0/−97	0/−155	0/−250	0/−400	0/−630	±20	+45/+5	+63/+23	+80/+40	+108/+68	+166/+126	+272/+232	+370/+330	+530/+490	+635/+595	+780/+740	+960/+920	+1140/+1100
450–500	−1650/−2050	−840/−1240	−480/−880																		+172/+132	+292/+252	+400/+360	+580/+540	+700/+660	+860/+820	+1040/+1000	+1290/+1250

注：带＊者为优先选用的，其他为常用的。

表 C-5　孔的极限偏差表

（摘自 GB/T 1800.1—2009、GB/T 1801—2009）

（单位：μm）

公称尺寸/mm 大于	至	A11	B11	C*11	D*9	E8	F*8	F*7	F6	G*7	G6	H*7	H*8	H*9	H10	H*11	H12	JS6	JS7	K6	K*7	K8	M6	M7	N6	N7	P6	P*7	R7	S*7	T7	U*7
—	3	+330/+270	+200/+140	+120/+60	+45/+20	+28/+14	+20/+6	+16/+6	+12/+6	+12/+2	+8/+2	+10/0	+14/0	+25/0	+40/0	+60/0	+100/0	±3	±5	0/-6	0/-10	0/-14	-2/-8	-2/-12	-4/-10	-4/-14	-6/-12	-6/-16	-10/-20	-14/-24	—	-18/-28
3	6	+345/+270	+215/+140	+145/+70	+60/+30	+38/+20	+28/+10	+22/+10	+18/+10	+16/+4	+12/+4	+12/0	+18/0	+30/0	+48/0	+75/0	+120/0	±4	±6	+2/-6	+3/-9	+5/-13	-1/-9	0/-12	-5/-13	-4/-16	-9/-17	-8/-20	-11/-23	-15/-27	—	-19/-31
6	10	+370/+280	+240/+150	+170/+80	+76/+40	+47/+25	+35/+13	+28/+13	+22/+13	+20/+5	+14/+5	+15/0	+22/0	+36/0	+58/0	+90/0	+150/0	±4.5	±7	+2/-7	+5/-10	+6/-16	-3/-12	0/-15	-7/-16	-4/-19	-12/-21	-9/-24	-13/-28	-17/-32	—	-22/-37
10	14	+400/+290	+260/+150	+205/+95	+93/+50	+59/+32	+43/+16	+34/+16	+27/+16	+24/+6	+17/+6	+18/0	+27/0	+43/0	+70/0	+110/0	+180/0	±5.5	±9	+2/-9	+6/-12	+8/-19	-4/-15	0/-18	-9/-20	-5/-23	-15/-26	-11/-29	-16/-34	-21/-39	—	-26/-44
14	18	+400/+290	+260/+150	+205/+95	+93/+50	+59/+32	+43/+16	+34/+16	+27/+16	+24/+6	+17/+6	+18/0	+27/0	+43/0	+70/0	+110/0	+180/0	±5.5	±9	+2/-9	+6/-12	+8/-19	-4/-15	0/-18	-9/-20	-5/-23	-15/-26	-11/-29	-16/-34	-21/-39	—	-26/-44
18	24	+430/+300	+290/+160	+240/+110	+117/+65	+73/+40	+53/+20	+41/+20	+33/+20	+28/+7	+20/+7	+21/0	+33/0	+52/0	+84/0	+130/0	+210/0	±6.5	±10	+2/-11	+6/-15	+10/-23	-4/-17	0/-21	-11/-24	-7/-28	-18/-31	-14/-35	-20/-41	-27/-48	—	-33/-54
24	30	+430/+300	+290/+160	+240/+110	+117/+65	+73/+40	+53/+20	+41/+20	+33/+20	+28/+7	+20/+7	+21/0	+33/0	+52/0	+84/0	+130/0	+210/0	±6.5	±10	+2/-11	+6/-15	+10/-23	-4/-17	0/-21	-11/-24	-7/-28	-18/-31	-14/-35	-20/-41	-27/-48	-33/-54	-40/-61
30	40	+470/+310	+330/+170	+280/+120	+142/+80	+89/+50	+64/+25	+50/+25	+41/+25	+34/+9	+25/+9	+25/0	+39/0	+62/0	+100/0	+160/0	+250/0	±8	±12	+3/-13	+7/-18	+12/-27	-4/-20	0/-25	-12/-28	-8/-33	-21/-37	-17/-42	-25/-50	-34/-59	-39/-64	-51/-76
40	50	+480/+320	+340/+180	+290/+130	+142/+80	+89/+50	+64/+25	+50/+25	+41/+25	+34/+9	+25/+9	+25/0	+39/0	+62/0	+100/0	+160/0	+250/0	±8	±12	+3/-13	+7/-18	+12/-27	-4/-20	0/-25	-12/-28	-8/-33	-21/-37	-17/-42	-25/-50	-34/-59	-45/-70	-61/-86
50	65	+530/+340	+380/+190	+330/+140	+174/+100	+106/+60	+76/+30	+60/+30	+49/+30	+40/+10	+29/+10	+30/0	+46/0	+74/0	+120/0	+190/0	+300/0	±9.5	±15	+4/-15	+9/-21	+14/-32	-5/-24	0/-30	-14/-33	-9/-39	-26/-45	-21/-51	-30/-60	-42/-72	-55/-85	-76/-106
65	80	+550/+360	+390/+200	+340/+150	+174/+100	+106/+60	+76/+30	+60/+30	+49/+30	+40/+10	+29/+10	+30/0	+46/0	+74/0	+120/0	+190/0	+300/0	±9.5	±15	+4/-15	+9/-21	+14/-32	-5/-24	0/-30	-14/-33	-9/-39	-26/-45	-21/-51	-32/-62	-48/-78	-64/-94	-91/-121
80	100	+600/+380	+440/+220	+390/+170	+207/+120	+126/+72	+90/+36	+71/+36	+58/+36	+47/+12	+34/+12	+35/0	+54/0	+87/0	+140/0	+220/0	+350/0	±11	±17	+4/-18	+10/-25	+16/-38	-6/-28	0/-35	-16/-38	-10/-45	-30/-52	-24/-59	-38/-73	-58/-93	-78/-113	-111/-146
100	120	+630/+410	+460/+240	+400/+180	+207/+120	+126/+72	+90/+36	+71/+36	+58/+36	+47/+12	+34/+12	+35/0	+54/0	+87/0	+140/0	+220/0	+350/0	±11	±17	+4/-18	+10/-25	+16/-38	-6/-28	0/-35	-16/-38	-10/-45	-30/-52	-24/-59	-41/-76	-66/-101	-91/-126	-131/-166

表（续） 单位：μm

公称尺寸/mm 大于	至																												
120	140	+710/+460	+510/+260	+450/+200	+245/+145	+148/+85	+106/+43	+54/+14	+400/0	+250/0	+160/0	+100/0	+63/0	+40/0	+25/0	±12.5	±20	+4/-21	+12/-28	+20/-43	0/-40	-20/-45	-12/-52	-36/-61	-28/-68	-48/-88	-77/-117	-107/-147	-155/-195
140	160	+770/+520	+530/+280	+460/+210	+245/+145	+148/+85	+106/+43	+54/+14	+400/0	+250/0	+160/0	+100/0	+63/0	+40/0	+25/0	±12.5	±20	+4/-21	+12/-28	+20/-43	0/-40	-20/-45	-12/-52	-36/-61	-28/-68	-50/-90	-85/-125	-119/-159	-175/-215
160	180	+830/+580	+560/+310	+480/+230	+245/+145	+148/+85	+106/+43	+54/+14	+400/0	+250/0	+160/0	+100/0	+63/0	+40/0	+25/0	±12.5	±20	+4/-21	+12/-28	+20/-43	0/-40	-20/-45	-12/-52	-36/-61	-28/-68	-53/-93	-93/-133	-131/-171	-195/-235
180	200	+950/+660	+630/+340	+530/+240	+285/+170	+172/+100	+122/+50	+61/+15	+460/0	+290/0	+185/0	+115/0	+72/0	+46/0	+29/0	±14.5	±23	+5/-24	+13/-33	+22/-50	0/-46	-22/-51	-14/-60	-41/-70	-33/-79	-60/-106	-105/-151	-149/-195	-219/-265
200	225	+1030/+740	+670/+380	+550/+260	+285/+170	+172/+100	+122/+50	+61/+15	+460/0	+290/0	+185/0	+115/0	+72/0	+46/0	+29/0	±14.5	±23	+5/-24	+13/-33	+22/-50	0/-46	-22/-51	-14/-60	-41/-70	-33/-79	-63/-109	-113/-159	-163/-209	-241/-287
225	250	+1110/+820	+710/+420	+570/+280	+285/+170	+172/+100	+122/+50	+61/+15	+460/0	+290/0	+185/0	+115/0	+72/0	+46/0	+29/0	±14.5	±23	+5/-24	+13/-33	+22/-50	0/-46	-22/-51	-14/-60	-41/-70	-33/-79	-67/-113	-123/-169	-179/-225	-267/-313
250	280	+1240/+920	+800/+480	+620/+300	+320/+190	+191/+110	+137/+56	+69/+17	+520/0	+320/0	+210/0	+139/0	+81/0	+52/0	+32/0	±16	±26	+5/-27	+16/-36	+25/-56	0/-52	-25/-57	-14/-66	-47/-79	-36/-88	-74/-126	-138/-190	-198/-250	-295/-347
280	315	+1370/+1050	+860/+540	+650/+330	+320/+190	+191/+110	+137/+56	+69/+17	+520/0	+320/0	+210/0	+139/0	+81/0	+52/0	+32/0	±16	±26	+5/-27	+16/-36	+25/-56	0/-52	-25/-57	-14/-66	-47/-79	-36/-88	-78/-130	-150/-202	-220/-272	-330/-382
315	355	+1560/+1200	+960/+600	+720/+360	+350/+210	+214/+125	+151/+62	+75/+18	+570/0	+360/0	+230/0	+140/0	+89/0	+57/0	+36/0	±18	±28	+7/-29	+17/-40	+28/-61	0/-57	-26/-62	-16/-73	-51/-87	-41/-98	-87/-144	-169/-226	-247/-304	-369/-426
355	400	+1710/+1350	+1040/+680	+760/+400	+350/+210	+214/+125	+151/+62	+75/+18	+570/0	+360/0	+230/0	+140/0	+89/0	+57/0	+36/0	±18	±28	+7/-29	+17/-40	+28/-61	0/-57	-26/-62	-16/-73	-51/-87	-41/-98	-93/-150	-187/-244	-273/-330	-414/-471
400	450	+1900/+1500	+1160/+760	+840/+440	+385/+230	+232/+135	+165/+68	+83/+20	+630/0	+400/0	+250/0	+155/0	+97/0	+63/0	+40/0	±20	±31	+8/-32	+18/-45	+29/-68	0/-63	-27/-67	-17/-80	-55/-95	-45/-108	-103/-166	-209/-272	-307/-370	-467/-530
450	500	+1650	+1240/+840	+800/+480	+385/+230	+232/+135	+165/+68	+83/+20	+630/0	+400/0	+250/0	+155/0	+97/0	+63/0	+40/0	±20	±31	+8/-32	+18/-45	+29/-68	0/-63	-27/-67	-17/-80	-55/-95	-45/-108	-109/-172	-229/-292	-337/-400	-517/-580

注：带＊者为优先选用的，其他为常用的。

附录 D 常用钢材与铸铁

（摘自 GB/T 699—2015、GB/T 700—2006、GB/T 3077—2015、GB/T 11352—2009）

名 称	钢 号	应 用 举 例	说 明
碳素结构钢	Q215A Q235A Q235B Q255A Q275	受力不大的铆钉、螺钉、轮轴、凸轮、焊件、渗碳件、螺栓、螺母、拉杆、钩、连杆、楔、轴 金属构造物中一般机件、拉杆、轴、焊件 重要的螺钉、拉杆、钩、楔、连杆、轴、销、齿轮、键、牙嵌离合器、链板、闸带、受大静载荷的齿轮轴	"Q"表示屈服强度,数字表示屈服强度数值,A、B 等表示质量等级
优质碳素结构钢	08F 15 20 25 30 35 40 45 50 55 60	要求可塑性好的零件:管子、垫片、渗碳件、碳氮共渗件、渗碳件、紧固件、冲模锻件、化工容器、杠杆、轴套、钩、螺钉、渗碳件与碳氮共渗件 轴、辊子,紧固件中的螺栓、螺母、曲轴、转轴、轴销、连杆、横梁、星轮 曲轴、摇杆、拉杆、键、销、螺栓、转轴 齿轮、齿条、链轮、凸轮、轧辊、曲柄轴 齿轮、轴、联轴器、衬套、活塞销、链轮 活塞杆、齿轮、不重要的弹簧 齿轮、连杆、扁弹簧、轮辊、偏心轮、轮圈、轮缘 叶片、弹簧	1. 数字表示钢中平均碳含量的万分数,例如,"45"表示碳的平均质量分数为 0.45% 2. 序号表示抗拉强度、硬度依次增加,伸长率依次降低
	30Mn 40Mn 50Mn 60Mn	螺栓、杠杆、制动板 用于承受疲劳载荷零件:轴、曲轴、万向联轴器 用于高负荷下耐磨的热处理零件:齿轮、凸轮、摩擦片 弹簧、发条	锰的质量分数为 0.7%~1.2%的优质碳素钢
合金结构钢	铬钢 15Cr 20Cr 30Cr 40Cr 45Cr	渗碳齿轮、凸轮、活塞销、离合器 较重要的渗碳件 重要的调质零件:轮轴、齿轮、摇杆、重要的螺栓、滚子 较重要的调质零件:齿轮、进气阀、辊子、轴 强度及耐磨性高的轴、齿轮、螺栓	1. 合金结构钢前面两位数字表示钢中碳含量的万分数 2. 合金元素以化学符号表示 3. 合金元素的质量分数小于1.5%,仅注出元素符号
	铬锰钛钢 20CrMnTi 30CrMnTi	汽车上的重要渗碳件:齿轮 汽车、拖拉机上强度特高的渗碳齿轮	
铸钢	ZG 230—450 ZG 310—570	机座、箱体、支架 齿轮、飞轮、机架	"ZG"表示铸钢,数字表示屈服强度及抗拉强度(MPa)

表 D-2　常用铸铁

（摘自 GB/T 9439—2010、GB/T 1348—2009、GB/T 9440—2010）

名称	牌　号	硬度（HBW）	应用举例	说　明
灰铸铁	HT100	114~173	机床中受轻负荷、磨损无关重要的铸件，如托盘、把手、手轮等	"HT"是灰铸铁代号，其后数字表示抗拉强度（MPa）
	HT150	132~197	承受中等弯曲应力，摩擦面间压强高于500MPa的铸件，如机床底座、工作台、汽车变速器、泵体、阀体、阀盖等	
	HT200	151~229	承受较大弯曲应力，要求保持气密性的铸件，如机床立柱、刀架、齿轮箱体、床身、液压缸、泵体、阀体、带轮、轴承盖和机架等	
	HT250	180~269	承受较大弯曲应力，要求保持气密性的铸件，如气缸套、齿轮、机床床身、立柱、齿轮箱体、液压缸、泵件、阀体等	
	HT300	207~313	承受高弯曲应力、断裂应力，要求高度气密性的铸件，如高压液压缸、泵体、阀体、汽轮机隔板等	
	HT350	238~357	轧钢滑板、辊子、炼焦柱塞等	
球墨铸铁	QT400—15	130~180	韧性高，低温性能好，且有一定的耐蚀性，用于制作汽车、拖拉机中的轮毂、壳体、离合器拨叉等	"QT"为球墨铸铁代号，其后第一组数字表示抗拉强度（MPa），第二组数字表示伸长率（%）
	QT400—18	130~180		
	QT500—7	170~230	具有中等强度和韧性，用于制作内燃机中液压泵齿轮、汽轮机的中温气缸隔板、水轮机阀门体等	
	QT450—10	160~210		
	QT600—3	190~270		
可锻铸铁	KTH300—06	≤150	用于承受冲压、振动等零件，如汽车零件、机床附件、各种管接头、低压阀门、曲轴和连杆等	"KTH""KTZ""KTB"分别为黑心、珠光体、白心可锻铸铁代号，其后第一组数字表示抗拉强度（MPa），第二组数字表示伸长率（%）
	KTH350—10	≤150		
	KTZ450—06	150~200		
	KTB400—05	≤220		

参 考 文 献

［1］ 何铭新，等. 机械制图［M］. 4 版. 北京：高等教育出版社，1997.

［2］ 大连理工大学工程图画教研室. 机械制图［M］. 5 版. 北京：高等教育出版社，2003.

［3］ 国家技术监督局. 技术制图［M］. 北京：中国标准出版社，2002.

［4］ 国家技术监督局. 机械制图［M］. 北京：中国标准出版社，2009.

［5］ 金大鹰. 机械制图［M］. 2 版. 北京：机械工业出版社，2007.

［6］ 钟日铭. AutoCAD 机械制图［M］. 北京：清华大学出版社，2007.

［7］ 任卫东，等. 机械制图［M］. 北京：北京理工大学出版社，2008.

［8］ 王建国，安娜. 机械制图［M］. 2 版. 呼和浩特：内蒙古大学出版社，2008.

［9］ 于文妍，薄少军. 工程制图［M］. 北京：北京邮电大学出版社，2011.

［10］ 陈茂生. AutoCAD 机械制图［M］. 北京：机械工业出版社，2006.